严艺家 著

情绪养育

建立0～10岁孩子的心理免疫力

U0331477

化学工业出版社
·北京·

图书在版编目（CIP）数据

情绪养育：建立0~10岁孩子的心理免疫力/严艺家著. —
北京：化学工业出版社，2024.6（2025.1重印）
ISBN 978-7-122-45551-2

Ⅰ.①情… Ⅱ.①严… Ⅲ.①情绪—自我控制—儿童读物
Ⅳ.①B842.6-49

中国国家版本馆CIP数据核字（2024）第088962号

责任编辑：赵玉欣　王　越　　　　　装帧设计：尹琳琳
责任校对：宋玮

出版发行：化学工业出版社
　　　　　（北京市东城区青年湖南街13号　邮政编码100011）
印　　装：三河市航远印刷有限公司
880mm×1230mm　1/32　印张 $8\frac{3}{4}$　字数159千字
2025年1月北京第1版第3次印刷

购书咨询：010-64518888　　　　　售后服务：010-64518899
网　　址：http://www.cip.com.cn
凡购买本书，如有缺损质量问题，本社销售中心负责调换。

定　　价：68.00元　　　　　　　　版权所有　违者必究

艺家有丰富的临床经验，曾在国内从事了13年成人和儿童心理咨询工作。我知道她深谙中国孩子和家长的困境：她有亲历的在中国和英国的养育经验，且是新鲜出炉的——她的一儿一女，刚刚走过本书聚焦的0~10岁年龄阶段；我相信她的分享会十分接地气。她是靠谱且不断进取的，虽然半路出家从事心理工作，但她在专业发展的道路上，每一步都走得扎扎实实，令我钦佩。尤其令我难以置信但尤为赞赏的是，在她人近中年、事业有成之时，却果断到心理治疗的发源地欧洲留学。硕士项目完成之后，还不过瘾，竟"敢"带着一双儿女远涉重洋开启全家在英国的学习生活之旅，攻读实打实难啃的伦敦大学学院（UCL）儿童青少年精神分析心理治疗博士项目。就在此时，面对如此繁重的学业和家庭压力，她竟然又抽空写就了这本书。

所以，当我受邀为她的新书写推荐语时，一不小心写成了推荐序。

正如艺家在书中所言：坏情绪其实是心智成长的契机。在为人父母的道路上，最有可能和孩子实现共同成长的领域恰恰出现在那些与坏情绪有关的时刻。当孩子们的坏情绪出现时，养育者能带着温和的好奇，倾听到坏情绪的"弦外之音"，同时真实勇敢地面对自己的需求与局限，这也许才是让孩子从坏情绪中实现成长的金钥匙。因为每个孩子都有着独一无二的特性，自然也没有绝对正确的标准答案。养育者才是自己孩子真正的专家。

我推荐这本书给那些与儿童一起生活或工作的人，包括但不限于父母、祖父母、保姆、老师、医生、心理工作者、社会工作者，主要基于以下两点理由：

其一，专业性和适应性。

养育孩子并不容易，需要兼具科学性与艺术性，并基于中国文化。该书为坏情绪说了不少科学的和基于中国文化的好话，也给出了非常多真实有趣、颇具艺术性的理解和应对之道。我相信读者开始也许会有烧脑、难以置信的感觉，但我更相信读者会慢慢体会到其中的妙处的。近年来，心理学译著在国内出版得越来越多，但其实不容易解决中国历史和文化语境下家庭独有的困境。我特别高兴看到中国本土出生长大并接受欧洲科班训练，且亲历一双儿女养育历程的艺家撰写出这本专业性值得信任的育儿书。

其二，预防为主的理念。

艺家在书中说到自己最大的心愿"也许是希望有一台时光机，让我可以穿越到不同年龄段来访者们的童年早期，去为他们的养育者们做些什么"，我深以为然。作为儿童精神科医生、家庭治疗师，我面对太多家庭的信任和求助，却没有时间及时给予全面、周到的帮助，对此我常怀内疚和自责。但我也深知，一个人的力量实在太渺小了，作为一位医生，无论如何我也不可能做到满足所有家庭的求助。相信这本书会让更多的孩子和大人增强"心理免疫力"，使得他们在日益复杂的真实世界中，不会被心理健康问题羁绊住发展的脚步。

在想要"修理孩子""汲取干货"氛围满满的今天，这本书不去迎合父母，而是引领父母直面真正的问题，是不讨喜的，但却能提供真正解决问题的办法。

艺家的文字就像她说的话一样，娓娓道来，仿佛邻家姐姐在跟你聊天，并在不知不觉间深刻影响到你。不信，你就读读看好了。

林红　医学博士

北京大学第六医院（精神卫生研究所）儿童精神科医生，家庭治疗师

前言

记得某次接受一家媒体关于心理健康主题的采访，记者问了这样一个问题："回想过去十几年开展心理治疗工作的过程，你最大的心愿是什么？"我的回答是："也许是希望有一台时光机，让我可以穿越到不同年龄段来访者们的童年早期，去为他们的养育者们做些什么。"

为了在现实世界里打造出那么一台象征层面上的"时光机"，一年多前我选择到英国攻读儿童青少年心理治疗临床博士，希望自己可以在更多人的生命早期阶段做些什么，其中既包括对孩子们直接开展心理治疗工作，也包括为养育者们提供更多心理与科普方面的支持。

研究数据显示，2022年我国青少年抑郁症患病率已达15%～20%[1]，其他心理问题检出率也呈现逐渐上升趋势，这意味着目前在每个中学的教室中，都可能有孩子正在经历着心理健康问题的困扰。与此同时，越来越多与儿童青少年心理健康有关的社会事件屡见报端，有越来越多的人感到困惑：为什么生活变好了，但孩子们的心理功能却似乎更脆弱了？除了培养更多能够胜任儿童青少年心理治疗工作的人才之外，有没有一些"治未病"的途径能增强孩子们的"心理免疫力"，使得他们在进入日益复杂的真实世界时，不会被心理健康问题羁绊住成长的脚步？

来到心理治疗室的孩子们大都是10岁以上，对我和很多心理治疗

---

❶ 数据来源：《2022年国民抑郁症蓝皮书》。

同行来说，"冰冻三尺非一日之寒"经常可以形容我们遇见这些孩子与家庭时的感受。因为体验过许多心痛与唏嘘，也见证过许多发展与希望，我真诚地希望和更多10岁以下孩子的养育者们聊聊天，特别是聊聊那些让养育者闻之色变的"坏"情绪❶们，因为那里面恰恰隐藏着孩子构建心理免疫力的密码。

当孩子降临世间，大部分养育者都会真诚希望他们可以一直幸福快乐，但一个听起来有点反直觉的现实是：学会经历坏情绪恰恰是一个人获得更多幸福快乐体验的心理基础功能。在我的工作观察中，那些被剥夺了坏情绪体验的孩子，往往特别容易在青春期和成年后经历心理崩溃。这里的"剥夺"既有可能是养育者用打压、否认的方式让孩子压抑那些坏情绪，也有可能是用过度保护的方式让孩子回避那些坏情绪。诚实面对坏情绪不仅仅是孩子的功课，也是养育者的挑战：当我们非常在乎一个人时，他的坏情绪会令我们难以忍受，那种焦虑感也会激活每个人内在应对坏情绪的"程序"，倘若大人自己未曾经历过足够健全的"情绪养育"，经常也会在"情绪养育"下一代的时候感觉力不从心。

除了在工作中与许多孩子及其养育者们打交道之外，我自己也是两个孩子的妈妈，许多人对于心理咨询师的职业幻想之一是："你们一定很擅长处理自己孩子的坏情绪吧？"事实是，去真实体验孩子成长过程中难免会经历的各种坏情绪，以及在这个过程中我自己

---

❶ 在笔者看来，即使是"坏"情绪也有令孩子成长的正面价值与意义，并不是真的"坏"，故加引号；为使行文流畅，后文中省略引号，直接写作"坏情绪"。

（身为一个妈妈，而不是一个心理咨询师）会被唤起的坏情绪，这些过程也促成了这本书的诞生。因为经历过真实的无可奈何，我坚信每个养育者在面对孩子的坏情绪时无论做出怎样的回应，在那一刻都已经尽力了。

2008年当我第一次开始涉足婴幼儿心理健康题材的内容创作时，国内书店里很少能找到涉及低龄儿童情绪养育的书籍，而此刻相关内容的百花齐放是这一代孩子与家长的幸运，但也经常会带来更多的茫然无措：那么多的专家与建议，究竟听什么好？为什么对别人有用的方法，到了自家孩子身上就根本不管用呢？

在我看来养育者才是了解自己孩子的真正的专家，因为每个孩子都有着独一无二的特性，自然也没有绝对正确的标准答案。很多时候养育者需要的是一些"四两拨千斤"的支持，比如多一些对于孩子情感及行为发展需求的视角，能逐渐解读出孩子坏情绪背后到底是在表达什么，又能用怎样的方式去涵容自己和孩子，一起面对那些坏情绪，这些都是我作为从业者能够提供的支持。

本书第一章讲的是坏情绪对于每个孩子成长发展的重要意义，表面的洪水猛兽实质上可能是心智成长的重要发动机。第二章会谈论一些通用于不同年龄阶段儿童的情绪养育原理与方法，相信对阅读本书的成年人来说，这些心智世界中的运作原理也会帮助你对自己的情绪和行为多一些认知与理解。第三章将着重探讨养育者面对孩子们的坏情绪时会有的各种负面体验，以及如何从自身负面状态中找寻到修复自己与孩子情绪的资源力量。从第四章到第七章，我将会从不同年龄段孩子常见的坏情绪状况出发，进一步和养育者们探讨在具体情境下如何应对孩子的坏情绪。

　　这里想特别指出的是，即使你的孩子可能已经不再是个婴幼儿，也许你依旧可以从探讨婴幼儿坏情绪的相关章节中找到面对孩子当下坏情绪的灵感。成长并非一往直前的线性过程，在面对身心剧烈变化时，即使是十几岁的青春期孩子也有可能会退回人生更早期的心理发展阶段。就像生理免疫力有时候会通过感冒发烧的锤炼变得更为强健一样，心理免疫力也会在一次次健康度过坏情绪的体验中越发茁壮。希望本书能成为养育者们应对孩子坏情绪的好"战友"，支持更多养育者与儿童体验到成长与发展之"美"。

严艺家

伦敦大学学院（UCL）儿童青少年精神分析心理治疗博士候选人
上海精神卫生中心中美婴幼儿及青少年心理评估、诊断及干预培训
项目首届毕业生
从事心理咨询工作15年
一个不断琢磨孩子、成人与自身"坏"情绪的人

2024年1月6日于伦敦

第一章　别把坏情绪妖魔化　001

01/坏情绪不是错，别急着用"橡皮擦"清除　002

02/没有这些坏情绪，可能人类都活不到今天　008

03/每个孩子的坏情绪都是独一无二的，没有万能解药　013

　★　情绪小课堂　019

第二章　教你几招，养出情绪健康的小孩　021

01/自我调节功能，是保持情绪健康的关键能力　022

02/了解孩子成长过程中的"触点"，做不焦虑的父母　028

03/读懂孩子情绪的"画外音"，做会倾听、受欢迎的父母　033

04/面对分离与变化带来的坏情绪，及时"翻译"和回应　039

05/用"言语化"的方式表达愤怒，而不是用拳头来说话　044

　★　情绪小课堂　050

第三章 父母的坏情绪里藏着金钥匙 053

01/ 亲子关系中有爱有恨，才是更为真实的亲密 054

02/ 寻回我们原本的力量，陪伴孩子度过坏情绪 059

03/ 身为心理咨询师，你能搞定自家孩子的坏情绪吗？ 064

04/ 照顾孩子的坏情绪前，先照顾自己的坏情绪 075

05/ 从原生家庭中，找到破解坏情绪密码的力量 080

★ 情绪小课堂 084

第四章 带着"温和的好奇"去观察，读懂婴幼儿的情绪秘密 087

01/ 婴儿的哭闹，其实是他们的语言 088

02/ 孩子不好好吃饭的背后，也许是在反抗控制 093

03/ 六个方面提前预备，与学步期的各种坏情绪和平相处 097

04/ 如厕难？尿床？核心问题在于"我的身体谁说了算？" 103

05/ 见到陌生人，千万别强迫孩子问好 108

06/公共场合大哭大闹，七步帮助孩子恢复平静　　113

07/孩子病了难伺候，其实是因为失控感　　120

08/哄睡难、醒得早、夜醒频繁，如何让孩子睡个好觉？　　124

09/发现孩子触碰隐私部位，父母该如何引导？　　131

★　情绪小课堂　　136

第五章　用温柔而坚定的言语，帮孩子平稳进入"小世界"　　139

01/孩子入园前的坏情绪，三步轻松应对　　140

02/如何让孩子学会合理拒绝但又不伤害他人？　　146

03/应对与咬人、打人、踢人有关的坏情绪，不妨试试七步走　　151

04/孩子害怕幼儿园老师，如何缓解他的不安情绪？　　156

05/让父母老师头疼的"小霸王"，是怎样"变坏"的？　　160

06/四步让孩子学会自我表达，情绪更稳定　　163

07/粗话脏话背后，藏着让坏情绪升华的契机　　167

★　情绪小课堂　　　　　　　　　　　　　　　　　　　170

第六章　用坦诚而开放的态度，化成长的烦恼为力量　　　173

01/家中添丁，四步帮大宝成长　　　　　　　　　　　　174

02/孩子恐惧或撒谎，怎么办？　　　　　　　　　　　　179

03/如何与孩子谈论死亡？　　　　　　　　　　　　　　183

04/如何与孩子沟通离婚的决定？　　　　　　　　　　　187

05/如何帮孩子学会"失去"这门必修课？　　　　　　　194

06/如何帮慢热、纠结的孩子说出"我可以"？　　　　　202

07/当孩子被欺负时，如何鼓励他主动思考与应对？　　208

★　情绪小课堂　　　　　　　　　　　　　　　　　　213

第七章　用充满爱意与智慧的关怀，陪伴孩子从小世界走向大世界　　　217

01/如何帮助"不思进取"的孩子重构内驱力？　　　　218

02/孩子磨蹭拖延不写作业，更深层的原因是什么？　　　222

03/帮孩子在一次次受挫中发展出健康的复原力　　　232

04/培养孩子的平常心：学会赢，更要学会输　　　237

05/面对天灾人祸时，如何帮孩子重建内心的力量？　　　243

06/如何处理与幼小衔接有关的坏情绪？　　　247

07 如何处理与电子产品有关的坏情绪？　　　253

★　情绪小课堂　　　258

后记　　　259

第一章

别把坏情绪妖魔化

01/坏情绪不是错，别急着用"橡皮擦"清除

作为一名经常和儿童家庭开展工作的心理咨询师，过去 13 年我曾多次和一些新手爸妈们玩这样一个"游戏"：我会播放一段婴儿大声哭泣的音频，时长约 1 分钟，然后请新手爸妈们猜一猜那段哭泣声持续了多久。大部分爸妈会猜 2~3 分钟不等，甚至有妈妈会说："猜不出来，听到孩子哭我就感觉大脑一片空白。"

痛苦会扭曲我们对于时间长度的感知，当孩子经历坏情绪时，每个不忍心看到孩子痛苦的人都会感觉"度秒如年"，恨不得立马抄起一块橡皮擦，把孩子的哭声与眼泪都抹掉。每当有新生命呱呱坠地，我们最诚挚朴实的愿望就是孩子可以幸福快乐地长大——但如果一个孩子的成长过程真的只有幸福快乐，那会有怎样的结果呢？

此刻，我的脑海中会浮现出一些在小学高年级阶段来到心理咨询室的"别人家的孩子"。之所以说他们是"别人家的孩子"，是因为这些孩子有一些共同特点：从婴儿时期就非常好带，聪明伶俐，无论在幼儿园还是小学早期，都是人见人爱的好孩子。然而在小学高年级或者初中时期，他们可能因为各种原因经历了一些挫折：也许是学业上突然有些力不从心，也许是在学校里经历了人际关系上的压力……这些挫折也许在家长老师看来并不是很严重的情况，但

孩子的反应却令人担心：有的孩子可能会退缩回避，甚至开始害怕去上学；有的孩子和家长的关系不错，会告诉家长自己"想死"；还有的孩子索性一去学校就头疼肚子疼，去医院查半天也找不到原因，最后来到了心理咨询室。

作为一个妈妈，我也会幻想拥有从小到大非常好带的孩子；但作为一个心理咨询师，"非常好带"恰恰是一个会让我有点警觉的描述：如果一个孩子从小到大那么"好"，那么那些坏情绪都去了哪里呢？比如这个孩子在学步期经历过进退两难的纠结甚至崩溃吗？这个孩子在四五岁时是如何表达自己内心那些坏坏的小心思的？❶

有意思的是，这些孩子的家长们都会异口同声地告诉我："没有啊！我家孩子真的特别乖巧，虽然知道很多孩子两三岁时会闹脾气，但我们家孩子是真没怎么闹过。"再细细问下去，会发现这些孩子们还有一个共同点：他们两三岁时的主要养育者都是祖父母，并且这些祖父母们对孩子的照顾可以说是关爱有加、无微不至的，尤其是当孩子出现了一些坏情绪的小火苗，尽心尽职的祖父母们经常会第一时间用满足与爱意来让孩子"熄火"。我代入想象了一下，自己若是被一群人照顾到有求必应的状态，的确也没

---

❶ 详见第二章第 2 节。

什么机会发脾气。

但在养育环境中彻底隔离坏情绪，也意味着孩子错过了一个重要的发展窗口期：两三岁是坏情绪与现实环境碰撞最激烈的时期之一，一个连话都说不清楚的孩子要开始一次次练习从各种坏情绪中平复下来，这简直就是不可能完成的任务。虽然很难，但跌跌撞撞一路后最终发展出健康自我调节功能❶的孩子会更有底气去面对人生的各种境遇。当他们进入小学高年级时，认知发展任务变得比过去更为复杂，课业难度增加，和同伴、老师之间的关系比起在更小的年纪时也开始有了更多的张力，一个孩子必然会在一些时刻面对"想得却不可得"的失落感。倘若在这个更为复合的发展阶段到来时，一个孩子还没有初步建立起与坏情绪相处的能力，朝前发展的势能就会停滞，发展进程甚至会后退，"别人家的孩子"变成了令家长老师头疼且担心的孩子，孩子自己也会很痛苦且着急。在另一些情况下，这些问题可能会等孩子上了初高中才慢慢浮现出来，相比一个小学生，中学生遭遇身心困难时的冲动性与破坏力往往是更惊人的，那些童年未完成的坏情绪功课，很有可能会让一个人在这个阶段付出更大的代价。

这里想特别指出的是，隔代养育对孩子并非有害的，恰恰相

---

❶ 详见第二章第 1 节。

反，我坚信有爱的隔代养育是一个人生命早期重要的情感资源，来自祖辈的关爱与照料能让一个人一生都时不时回想起那种温暖的感觉。"隔代亲"虽然会使祖父母辈有过度保护孩子免于经历坏情绪的倾向，但也让孩子内心写下了一句有力量的预言："我想要的东西会有的。"在这层无意识的影响下，这些孩子们在幼儿园与小学低年级阶段往往表现很出色，他们会坚信只要自己很想要达成某种状态，那种状态是有可能实现的，这种信念对人的一生会产生诸多积极影响。

用过度保护的方式来让孩子彻底与坏情绪绝缘，这种状态也不止存在于隔代养育形式中。养育者❶自身的成长经历与情绪调节功能水平等决定了我们在多大程度上能够在孩子出现坏情绪时给予恰到好处的涵容与回应。在为人父母的道路上，最有可能和孩子实现共同成长的领域恰恰出现在那些与坏情绪有关的时刻。

可惜，孩子们成长过程中出现的这些珍贵的坏情绪们也承受了各种误解。

我们对于坏情绪的第一个误解是，坏情绪可以说走就走。我们当然希望孩子们可以高高兴兴地度过所有时光，可这是不现实的。每个孩子都会经历形形色色的坏情绪，即使坏情绪令他们自己及周

---

❶ 本书中的"养育者"指代给予孩子各种养育照料的重要他人，包括但不限于父母、祖父母、保姆、老师。

围人都很不舒服，我们的体内并不存在一个神奇开关，能控制坏情绪的来去。当你费尽心机想让孩子走出坏情绪但不奏效时，并不是你很糟糕，也不是孩子故意对着干，我们的大脑需要经历许多的练习才能学会如何健康应对各种坏情绪。如果你无法让一个幼儿园孩子一步登天解二元一次方程，那也不能期待他们一夜之间就学会如何走出坏情绪。

我们对于坏情绪的第二个误解是，坏情绪是缺点，是非常糟糕的， 但其实坏情绪经常很有用。在一部著名的好莱坞动画电影《头脑特工队》（*Inside Out*）中，小主人公头脑中的五种情绪小人都发挥着非常重要的作用。无论是害怕、悲伤还是愤怒，这些情绪对于我们的日常生活运转都有着非常重要的意义。比如害怕让我们免于冲动，远离危险；悲伤让我们反思觉察，三思而行；而愤怒则让我们表达需求，推动变化。

有时我会用风来形容坏情绪：风如果能量巨大而混乱，可能会摧毁很多东西。但如果方法对了，风力发电可以带来许多能量，让我们创造出更多美好的东西。也许读完本书，你会发现情绪不分对错，各种情绪都可以转化为成长的动力。如果能够充分利用孩子经历坏情绪的契机，也许能帮助他们实现某方面能力的发展。当孩子出现坏情绪时，周围养育者能够给到他的支持与示范，对一个孩子来说也是非常珍贵的记忆与经验。

我们对于坏情绪的第三个误解是，坏情绪的解决方法是有标准

答案的，但其实每种坏情绪的背后都蕴含着眼前这个孩子独一无二的需求，这些需求往往与先天气质、年龄阶段、家庭环境、社会文化等众多因素互相关联影响，构成了千姿百态的"矩阵"。一些育儿方法试图提供一概而全的万能公式来帮助养育者们迅速消除孩子的负面情绪，也许一些方法的确缓解了育儿焦虑，但在现实中，不少爸爸妈妈会发现"这个看似很对的方法对我家孩子没用"。当孩子的坏情绪出现时，养育者能带着温和的好奇倾听到坏情绪的"弦外之音"，同时真实勇敢地面对自己的需求与局限，这也许才是让孩子从坏情绪中实现成长的金钥匙。

感谢你能耐心读到这里，我有信心在本书后面的章节中，逐步向你展现这把专属于你孩子坏情绪的金钥匙需要如何打造出来，此刻请记住：坏情绪不是错，别急着用"橡皮擦"清除。

02/ 没有这些坏情绪，可能人类都活不到今天

当养育者对孩子的坏情绪感觉格外难以忍受时，我也经常会半开玩笑地说："恭喜你养出了一个能如此直接表达坏情绪的孩子！"——诚然坏情绪的背后往往有一些未被满足的需求需要被自己与周围人看见，但一个人要直接表达坏情绪也是需要心理底气的。此刻不妨想一想，你在生活中更有可能在哪些人面前流露自己的坏情绪？哪些人最有可能看到你展现坏情绪的那一面？我猜你脑海中浮现出来的大部分都是自己最为亲近与信赖的人，对孩子们来说也是如此。在和上百个儿童家庭工作的过程中，最让我担心的孩子并不是那些会激烈表达坏情绪的孩子，而是那些虽然发展出现了各式各样的阻碍，但看起来似乎一点坏情绪也没有，或者没有"力气"去表达坏情绪的孩子，在那些孩子的内心世界中，并没有一个安全的时空能让他们去释放自己的坏情绪，当不安与难受常年在小小的身体里发酵时，一个孩子身心茁壮成长的可能性就有可能被吞噬。

更重要的是，坏情绪的存在本身对于人类发展是有意义的。

首先，如果不是因为那些坏情绪，可能人类都活不到今天。

这句话听上去有点奇怪，但请大家设想一下，愤怒也好，害怕

也罢，这样的情绪之所以产生，是因为在远古社会，人们为了生存下来，就需要有这样的情绪去远离天敌与危险，同时和入侵者进行争斗。比如我们会和黑熊抢食物，我们会和邻近的部落抢地盘。而这些斗争的背后都有恐惧、愤怒这两种情绪的身影。这些情绪虽然令人不适，但它们的存在却让我们赢得了一场又一场战役，从而活到了今天。这些情绪并不是我们的敌人，而是真正让我们"活下来"的情绪。养育者们经常对媒体报道中孩子遭遇各种侵犯的故事感到心有戚戚，试想一个孩子如果完全没有坏情绪，完全没有愤怒违抗的情绪，当面对危险时又该如何做出反抗？虽然坏情绪令养育者们很苦恼，但坏情绪存在本身非常有必要。

第二，坏情绪是在表达"我是谁"。

回想起来，不少养育者第一次体验到孩子的坏情绪，源于孩子开始意识到"你、我、他"的时候。比如当一个婴儿饿了而妈妈并没有及时赶来喂奶时，孩子意识到了"我并不等于妈妈，妈妈有自己的节奏与想法"，有时就会哇哇大哭起来；一个半岁大的孩子因看到陌生人而大哭，很可能是因为意识到了"这个人和我以及我平时熟悉的那些人都不一样"；尤其当孩子开始学爬学走路的时候，各种有原因或者没原因的哭闹背后，更是蕴含着坚定的自我意志。这些坏情绪可能都在指向同一个对象：我和你们是不一样的，我就是我，我有我的想法与愿望。

当看到孩子的这些因为有了"自我"而产生的坏情绪时，一方面，需要先为养育者们鼓鼓掌，这说明孩子被养得不错，已经能够意识到自我存在了。

另外一方面，在这样的阶段，孩子也非常需要父母树立起安全的边界，说"不"就是树立这样一种安全边界的必要条件。当孩子出现坏情绪时怎样说"不"才能支持孩子的成长？相信你会在本书中找到自己的答案。

第三，当坏情绪可以被表达而不是被压抑时，孩子身心会更健康。

从事心理咨询工作 13 年，我时不时会和一些抑郁的来访者工作，他们有的是成年人，有的是年纪比较小的孩子。我感觉抑郁的人经常缺乏表达坏情绪的能力，当他们把那些愤怒、委屈、内疚的情绪留给自己时，会更容易觉得自己一无是处。从精神动力角度来说，我们把这种现象叫作"自我攻击"——当一个人只会让坏情绪攻击自我而无法对外表达的时候，他的身心发展就有可能遇到各种阻碍。

当这些来访者在心理咨询工作中逐步建立起表达坏情绪的能力时，他们的抑郁症状也会相应减轻一些。

作为心理咨询师，相比流露出许多坏情绪的孩子，有时我反而更担心看起来从不表达坏情绪的孩子。一个从来不表达坏情绪的孩子经常是"面目模糊"的，让人无法清晰了解他的需求与底线是什么。这样的孩子也很可能让很多坏情绪朝向了自己，内在感觉抑郁。能够表达坏情绪本身也是孩子生命力的一种展现，帮助孩子表达坏情绪是保持身心平衡的良药。

第四，坏情绪的背后有许多好愿望。

动画片《头脑特工队》中怒怒的配音演员在接受采访时说："愤怒是关乎如何把一件事情做下来的情绪。"当我们对现实有所不满的时候，愤怒和另一些坏情绪往往可以驱使我们去做出一些努力，去改变我们并不喜欢的现实。即使是悲伤这种看似没有价值的坏情绪，也可以帮助我们进行更多反思与觉察，从而避免犯更多错误或者做出冲动的行为。

在我们的生活当中，你也许会发现，一些不惧表达坏情绪的成年人经常也有着非常强大的能力，去改变一些不那么完美的现实。几乎所有电视电影中的英雄人物都能直面自身的坏情绪。当一个孩子展现出坏情绪时，他似乎也是在告诉周围人：我想要改变这一切，我觉得我能改变这一切。这些心态意味着孩子认为自己值得拥有更好的境遇，这一点往往和一个孩子相信自己是一个怎样的人有非常大的关联，折射出他们的自尊、自信。

第五，体验坏情绪能丰富身为一个人的感觉，从而激发创造力。

人类可能是生物界能体验到最多种类情绪的物种，即使是令我们不舒服的情绪，也往往可以激发更多的思考，从而让我们拥有了更为完善的大脑❶，所谓"悲愤出诗人"，正是描述了坏情绪的一体两面。

从文艺作品到科学进步，看似理性的过程背后，都有感性情绪的参与。而情绪从来不是只有令我们感到舒服的那些，恰恰是令人不舒服的情绪，促使我们去改变、去前进，教会孩子与坏情绪共处，就是给了他们一把通往人类潜能宝藏的钥匙。

虽然此时此刻我为坏情绪说了许多好话，但是相信对于大部分养育者来说，坏情绪依旧是令人难以忍受和头疼的。从表面看起来，"温良恭俭让"、理性平和的价值观与坏情绪的表达是冲突的，这使坏情绪更容易被妖魔化或污名化。但随着本书慢慢展开儿童坏情绪的图景，也许你也会和我一样，开始意识到坏情绪完全可以被"变废为宝"。

---

❶ 出自 Jakk Panksepp 的 *Archaeology of the Mind*。

03/每个孩子的坏情绪都是独一无二的，没有万能解药

如果统计一下各个自媒体平台上出现频率最高的育儿问题，那多半会是："孩子总是大哭大闹的，我该怎么办？""孩子在幼儿园打人了，我该怎么办？""孩子不肯吃饭闹脾气，我该怎么办？"不少养育者们对于育儿专家或者儿童心理咨询师抱有巨大的幻想，感觉他们像机器猫一样有一个装着各种锦囊妙计的口袋，只要掏出几行字来就可以让孩子的坏情绪立马消失。

诚然，市面上也有不少试图满足养育者这些心愿的理论或培训课程，有些乍看乍听还真的挺有道理的。但更多时候，养育者们会发现那些对别家孩子有效的方法对自己的孩子并不管用；或者有些方法今天是管用的，明天又不管用了；更多时候，养育者们会发现自己难以执行那些看似头头是道的做法。在这些无解的现状背后，很多人忽略了一个事实：坏情绪本身没有定式，每个人的坏情绪背后可能都有着截然不同的缘起。

在本书的第四、五、六章会谈论到不少具体的方法，关于如何帮助孩子从不同坏情绪的情境中成长起来。但那些方法需要养育者们承认一个前提才可能发挥作用，那就是"每一个孩子的坏情绪都是独一无二的"。

即使从事儿童心理工作，当我作为一个妈妈面对自家孩子的坏情绪时，并不会觉得自己在儿童心理方面的智识能提供万能解决方案，因为每个孩子都是如此不同，没有哪门子理论能穷尽孩子们的多样性。在说些什么或者做些什么之前，我会先去"观察"孩子们的坏情绪——包括在心理咨询室和孩子们工作时，我都会支持养育者们从以下四个维度去观察孩子，看清孩子坏情绪的独特属性。

第一个维度是孩子独一无二的"出厂设置"。

在学习儿童心理发展的过程中，我曾有机会去新生儿科观察才刚刚出生两天的小婴儿，记得当时眼前一排小宝宝，即使才出生不到48小时，就有着非常不同的反应与表现：有的宝宝醒来就大哭起来，引得护士立马抱起来喂奶换尿布；有的宝宝醒来咂吧咂吧嘴又睡着了，等再醒来时也是哼哼唧唧，过好久才扯开嗓子哭，让护士发现原来这个小宝贝饿了。即使没有后天的养育，每一个孩子出生的那一刻，他们的"出厂设置"就已经是不同的了。用术语说，这是他们的"先天气质"。

究竟什么是气质呢？这要从我们每个人每天循环的六大状态说起。

不管是小婴儿还是成年人，生命延续期间都会在以下六种状态之间不停循环切换：深睡眠、浅睡眠、安静清醒、活跃清醒、烦

---

❶ 出自 T.Berry Brazelton 的 *Touchpoints：Birth to Three*[中文译本为《儿童敏感期全书（0~3 岁）》，严艺家译]。

躁、哭泣 ❶；只不过相比小婴儿，大部分成年人哭泣与烦躁的状态是明显少一些的。

回到刚才提到才出生两天的新生儿，有的孩子可以从深睡眠直接来到烦躁甚至哭泣状态，而有的孩子则可以从深睡眠过渡到浅睡眠再到安静清醒，过好久才开始烦躁哭泣，而喝完奶或换完尿布之后，他们可能很快又会进入安静清醒—浅睡眠—深睡眠的循环之中。

观察每个孩子是如何在这六种状态之间切换的，他们切换的频率、节奏、速度……可以帮助我们去了解一个孩子的"出厂设置"可能是怎样的。比如一个从小喝奶就很急的孩子，可能会经历狂风暴雨般的坏情绪；而如果一个小婴儿总是需要花很长时间才能让养育者意识到他的需求，那么当这样的孩子经历坏情绪时，是需要养育者们格外细心观察才能帮助他表达出来的。

另外，每个孩子对周遭的敏感性也是不同的，比如有的孩子即使在很吵的地方也能睡得安稳，而有的孩子会因为光线、声音而无法继续待在睡眠状态中，这也是"出厂设置"的一部分，这样的两个孩子在经历坏情绪时，体验可能会是截然不同的，比如一个慢性子的养育者很可能难以理解一个天生急性子的孩子为何会因为很小的事情而被坏情绪包裹。

我们经常会有一种成见，认为孩子的一切问题都是父母导致的。我并不完全赞同这句话，因为在某种程度上，当一个孩子出生时，他的"出厂设置"也决定了父母需要成为怎样的父母。若要看清孩子坏情绪的缘起是什么，"出厂设置"是不可忽略的要素。

第二个维度是孩子所处的年龄与发展阶段。❶

同样是打人的行为。对于一个小婴儿来说可能出于好奇，可能是试探，也可能是表达不满。但是对于五六岁甚至更大的孩子们来说，动不动就打人，可能预示着一些别的可能性，比如也许他正在经历一些未被看见的压力甚至创伤，也许他在表达攻击性或者坏情绪方面的能力是有欠缺的，也有可能他有一些潜在的、未被察觉的特殊需求。

再拿撒谎这个行为举例，对于三四岁的孩子来说，撒谎经常是因为其在认知层面上分不清虚幻与现实，认为"愿望=现实"；但是如果六七岁的孩子持续有撒谎行为，很可能他是在用这样的方式去逃避一些难以消化的坏情绪，或者希望借由这种方式来唤起更多的关注与爱意。

对待不同年龄与发展阶段孩子的同一类行为及其背后的坏情绪，养育者需要用不同的方式去和孩子进行沟通，不然就很有可能事倍功半，甚至影响到亲子关系。

第三个维度是孩子所处的养育环境与社会文化。

---

❶ 详见第二章第 2 节。

有些孩子出现坏情绪时，有可能是在用自己的行为告诉养育者们：我不喜欢被你们这样对待。比如当一个妈妈给孩子断奶后重返职场，可能会发现晚上回家后孩子特别闹，这是一个不会说话的孩子对妈妈提出的抗议。当一个家庭出现比较大的变化或压力，比如父母离异、家中添丁、重要的家庭成员生病、搬家之类的事情时，孩子很有可能会出现阶段性的坏情绪。家庭外部也会有各种各样的变化。比如有的孩子去幼儿园时，不管在送的过程中，还是回到家里，都会出现比较多的坏情绪。

社会文化也是在思考孩子的坏情绪时容易被忽略的维度。打比方说，一个在东方文化中安静内向的孩子，在西方文化中甚至有可能会被认为是抑郁、回避的，如果不考虑社会文化因素的话，我们就有可能在理解孩子坏情绪的过程中"偏航"。看见这些部分也是在降低养育者们的焦虑感：不必把孩子出现坏情绪的所有责任都算在自己头上。

第四个维度是生理因素。

一些孩子出现坏情绪，也有可能是和生理因素相关的，比如小宝宝在吃饭前的坏情绪经常和饥饿导致的低血糖反应有关，缺眠少觉的疲劳也很容易导致孩子的坏情绪。

在心理咨询工作中，每当养育者反映孩子在幼儿园或学校里经常会有坏情绪，甚至会动手打人时，我通常都会询问孩子晚上的睡眠时间。一个缺乏睡眠的孩子自控能力会变得非常弱，调节情绪的能力也会随之下降。而当这些孩子经过调整后实现了每天晚上可以多睡一小时，面对坏情绪时的自我调节能力很可能会明显进步。

而在另外一些特殊的生理阶段，比如说长牙期或者生病了，当这样的阶段过去之后，孩子有时候也会出现短暂而频繁的坏情绪。尤其是孩子生病之后的那种情绪波动的状态，仿佛是在回应前一阵子对身体和周遭环境失控（比如不得不接受注射，或者不得不接受一些身体检查）的感觉。这些滞后的坏情绪往往让爸爸妈妈们摸不着头脑，可它们的确和孩子的生理状况密切相关。

在另一些更极端的状况下，孩子长期的坏情绪也可能预示着他有某些发展方面（如神经系统发展）的滞后或者特殊需求，需要儿科医生的介入。比如一些在语音语言发展方面遭遇困难的孩子，往往会在经历坏情绪时词不达意、难以表达，从而导致了更多冲动攻击行为的发生。

读到这里你是否能够明白，为什么世界上没有"对症治疗"孩子坏情绪的万能解药？每种坏情绪背后的这四个维度构成了千变万化的可能性，养育者们能做的是带着"温和的好奇"去探寻坏情绪背后的信息，结合心理及发展规律，构建出适合自己孩子的独一无二的坏情绪破解术——那把钥匙在最了解孩子的养育者们手里，而不是在侃侃而谈的专家手里。

情绪小课堂

问题 1：坏情绪可以说走就走吗？

严艺家：我们的体内并不存在一个神奇开关，能控制坏情绪的来去。

问题 2：坏情绪是缺点吗？

严艺家：情绪不分对错，各种情绪都可以转化为成长的动力。

问题 3：坏情绪的解决方法有标准答案吗？

严艺家：不存在消除坏情绪的"万能公式"。带着"温和的好奇"倾听，真实勇敢地面对自己的需求与局限，才能打造专属于你孩子坏情绪的金钥匙。

第二章

教你几招，养出情绪健康的小孩

01/自我调节功能，是保持情绪健康的关键能力

如果只能向养育者们介绍一个与儿童心理学有关的概念，我会毫不犹豫地选择一个在育儿科普主流传播语境中还挺冷门的概念：自我调节功能（self-regulation）❶——有时我甚至会幻想，如果天底下大部分养育者都能明白和重视自我调节功能对孩子们的重要性，最终来到心理咨询室的大人或孩子说不定能少一大半。

自我调节功能是指一个人在不同状态之间转换的能力。无论是新生儿还是成年人，每个人每一天都是在六种状态之间不断转换的，分别是：

深睡眠状态，用大白话来说就是那种睡得很熟的状态，养育者们都很爱处在深睡眠状态的宝宝，因为自己终于有机会喘口气了。

浅睡眠状态，从科学角度来说，人在浅睡眠阶段会有快速眼动，浅睡眠阶段的体验经常和做梦有关。如果观察一个小婴儿的话，那些翻身变多、似睡非睡的阶段就是浅睡眠。

安静清醒状态，比如此刻在写作的我是处在一个安静而清醒

---

❶ 出自 T.Berry Brazelton 的 *Touchpoints：Birth to Three*。

的状态，早上刚刚醒来时和养育者恬静互动的小婴儿也处于安静清醒状态。

活跃清醒状态，当感觉兴奋、肢体动作幅度变大、变活跃时，就是活跃清醒状态，比如当一个小婴儿和养育者玩躲猫猫游戏，咯咯咯大笑时，就处于活跃清醒状态。

烦躁状态，成年人上了一天班很累，心中有股无名火的时候，就是在体验烦躁的状态；而小婴儿闹觉，或者累了、饿了、热了时情绪难以被安抚的状态，就是烦躁状态。

哭泣状态，这可能是令养育者们最难忍受的状态，如本书第一章所述，哪怕孩子只是哭了一分钟而已，在养育者的体验里可能像是三五分钟甚至更久。

现在仔细想一想，无论是几岁的人，是不是总在这六种状态之间循环往复？只不过刚出生的小婴儿在深睡眠、浅睡眠的时间明显会多于一个三四十岁的人，而随着年龄的增长，大部分人处在烦躁、哭泣状态的时间是会比一个哪怕有苦也说不出的小婴儿要少一些的。

再仔细想一想，很多孩子的坏情绪是不是经常和不同状态之间的转换有关？比如，一个在花花绿绿的超市因为太过兴奋而崩溃大哭的孩子，是在活跃清醒与烦躁、哭泣状态之间转换，而养育者希望孩子能从哭泣状态迅速转换到安静清醒状态；又比如，一个玩得太累的孩子难以从活跃清醒状态转换到浅睡眠状态，经常需要经历烦躁、哭泣的阶段才能睡着。

养育儿童的重要任务就是帮助孩子发展出足够多元而有效的自我调节功能，这并不是一项从 0 开始的任务：我们中的绝大多数人在出生时就已经自带了基础的自我调节方式——想象一下你和别人聊天时，两个人的眼神在交谈过程中是否会自然移开，又会在某些时刻交汇？如果两个人在说话时始终紧紧盯着对方，这是不是一种很怪异的体验？这种把目光自然移开又转回来的过程就是大多数人从娘胎里自带的自我调节功能，仿佛是通过过滤屏蔽掉过多的刺激来让自己待在有效的互动过程中，换句话说，把目光移开的背后反而可能是想要继续探索沟通的意愿。当外界刺激大到难以通过把目光移开来彻底屏蔽时，小婴儿就有可能会从清醒转换到睡眠状态，通过彻底闭上眼睛来让自己和过多的外界刺激隔离，这就是为什么一些小宝宝即使去人多嘈杂的地方都能睡得很香，因为深睡眠状态能保护他们免于经受过多的心理冲击。

当然，如果一个人只有出厂设置的自我调节功能，那是远远不够的，想象一下当一个一年级的孩子坐在教室里感觉无聊疲倦时，如果只能用走神调节自己，或者只能用睡觉去屏蔽掉自己不喜欢的课程信息，是不是会干扰他们的健康发展？因此，养育者们的重要任务之一是支持孩子在不同发展阶段发展出适合的自我调节方式。

比如，养育者是否能允许一个三个月大的孩子用吃手来调节自己的情绪？尽管我们并不希望一个三十岁的人还要吃手，但当宝宝只有三个月时，吃手可以帮助他们在一些紧张不安的时候平静下来，对于一个还无法用语言功能来进行自我调节的宝宝来说，这是一种健康的方式。而到了宝宝学步期时，养育者们既需要在一些时刻坚定对孩子说"不"，又需要用言语或非言语的方式去支持、帮助孩子发展出耐受沮丧与挫折的必要心理空间，这个阶段的孩子在经历坏情绪时也是在不断练习以提高自我调节的功能水平。而当孩子具备了语言能力时，他们也就拥有了一项自我调节功能中最关键的能力：言语化的能力❶——用大白话来说，"咱们能用嘴解决的，就别用冲动的行为来解决了"。在理想状态下，当一个孩子到了学龄期的时候，可以通过言语表达去调节大部分坏情绪，同时也有一些个人化的自我调节方式是可以帮助他们应对各种压力的（比如有的孩子喜欢思考问题时转笔，这种有韵律与规律性的小动作也是一种自我调节方式）。

　　理解"自我调节功能"这个概念也能让养育者们更能理解孩子在出现坏情绪时的一些行为表现。比如有的孩子在坏情绪上来时，会不愿意看着养育者的眼睛说话，按照传统的视角来看这是孩子不尊重讲话者的表现，会令大人们非常生气。但事实上，如果我们从自我调节功能的视角去观察那个孩子，孩子对大人目光的回避恰恰

❶ 详见本章第 5 节。

说明当下的场景对他来说太难以面对了，并且他还在努力通过把目光移开的方式待在这段沟通中。有些学龄期孩子上课时会"瘫"在椅子里，老师可能认为那是上课不认真的表现，但其实增加身体与椅子的接触面也是一种自我调节方式，意味着这个孩子在那一刻很累，并且还想努力通过自我调节的方式待在课堂里。当养育者们可以从这个视角去重新理解孩子的各种行为时，经常能够更加心平气和地帮助孩子度过那些压力甚至难受的体验。

自我调节功能一方面关乎孩子自身的发展，另一方面也关乎养育者的自我成长。

在学习婴幼儿心理治疗时，我曾有幸去新生儿病房观察一整排出生才两天的小宝宝。现在有种流行的育儿论调是"孩子的问题都是父母的问题"，但在观察了那一排小宝宝之后，我却一直对这句话存疑：那些孩子生来就如此不同。有的小宝宝会从睡眠状态迅速切换到安静清醒状态，醒来时可以安静地瞪着眼睛好久而不发出声音；有的小宝宝会在浅睡眠状态待很久，在我以为他要进入清醒状态的时候，眼睛又合上了；也有的小宝宝刚从浅睡眠状态出来就迅速进入哭泣状态，半个楼层都能听到他的哭声——相比别的孩子，这些"心急"的小家伙似乎能得到护士们最多的照料。每个宝宝似乎都有一些先天的"出厂设置"决定着他们会以怎样的方式活在这个世界中，有的节奏快些，有的反射弧长些，这并不是父母言传身教或环境影响的产物。想象一下，如果一个急性子的宝宝摊上了慢性子的养育者，两者自我调节功能风格上的差异是否会导致孩子更容易产生坏情绪，而养育者也会因此感到更苦恼呢？

也许除了养育者能在某种程度上决定孩子的发展状态之外，孩子也在一定程度上决定了养育者会成为怎样的人，而在这样一个"共同调节"的过程中，很多平衡、磨合的过程会帮助孩子和养育者都发展出更完善的自我调节功能。比如有些养育者会在和孩子的相处过程中慢慢意识到自己需要更多的私人空间去调节情绪，会学着去发展一些爱好来调节自己的心情；也有的养育者会发现，原来通过和自己信赖的人倾诉育儿压力，能够在很大程度上调节情绪，自己也开始更擅长通过言语而不是大发雷霆来调节育儿压力了。我们将在第三章中进一步讨论这些话题。

观察我们自己及周围的成年人，自我调节方式几乎无处不在，比如大家对玩手机的热爱就是当代社会背景下人们共有的自我调节方式：当我们感觉焦躁无聊的时候，手机似乎提供给我们一块情感缓冲垫，尽管用太多了也会带来新的问题。但对于一个小婴儿来说，他们在面对坏情绪时又有多少自我调节方式可以动用呢？除了把头扭开、进入睡眠状态或者哇哇大哭一场发泄一下，似乎也真的没多少选择了吧，但如果养育者们能够有意识地帮助孩子发展出更多元的自我调节方式，那么他们一定会在应对坏情绪这件事情上有越来越多的法宝的。

02/ 了解孩子成长过程中的"触点"，做不焦虑的父母

有位女科学家叫珍妮·古道尔（Jane Goodall），她曾在非洲丛林里待了二十多年，研究黑猩猩的种种行为。在她众多有趣的发现中，有一项是与理解人类孩童的坏情绪格外相关的：古道尔女士发现，在小黑猩猩学会一些新技能之前，总会格外"黏"妈妈，看起来像回到了小宝宝状态似的，总爱赖在妈妈身上不下来，或者在那段时间格外易激惹。这一观察佐证了心理学界早在20世纪50年代就已经提出的"退行"概念：人在面对压力与发展时，行为会出现一定程度的倒退，仿佛要积攒足够多的能量去应对即将发生的各种变化。

"退行"的感觉对成年人来说并不陌生，比如当我们心情不好时会想要像个小宝宝似的蜷曲起来躺一会儿，又比如许多人高考前会经历挑食、频繁如厕、入睡困难、易激惹之类的身心变化，仿佛回到了婴童时期。

儿童心理学家布雷泽尔顿（T. Berry Brazelton）在"退行"概念的基础上提出了"触点"（touchpoint）的概念，认为婴幼儿出现发展前的退行，对于养育者而言往往是个"触发许多情绪的节点"，比如当一个本来已经睡整觉的孩子在学步期突然频繁夜醒时，养育者难免会想"是不是我做错了什么让宝宝没安全感了？白天宝宝是

不是经历什么惊吓了？"这些焦虑自责的念头有时候会让养育者在面对孩子时非常紧张，也感觉更加难以面对孩子的各种坏情绪，孩子体验到养育者的紧张也会更加有压力，形成了恶性循环。在布雷泽尔顿教授看来，帮助养育者们提前了解孩子成长发展过程中可能出现的"触点"是非常重要的❶，这样当"触点"出现时，养育者依旧可以用平常心去面对那些发展道路上暂时的倒退（退行行为一般持续不会超过2周，正常情况下会自动消失）。

孩子年纪越小，可能面临的"触点"就越多，因为他们正处在飞速发展、几周就有大变样的阶段。在经历"触点"时，孩子会有各种各样的坏情绪出现，比如：

不少养育者会发现3~6周大的小宝宝有时候会出现"黄昏焦虑"，俗称"百日哭"，太阳一落山就开始哭闹，怎么哄都止不住哭。很长一段时间人们认为"百日哭"是婴儿肠胀气、不舒服导致的，但有越来越多的儿童心理发展研究显示，许多婴儿在3~6周的时候会经历视觉、听觉的飞跃式发展，看得和听得都更清楚了，这本身是喜人的成长变化，但恰恰是因为这些新变化带来的新体验还无法被不具备言语功能的小婴儿彻底消化（想象一下，你每天置

---

❶ 详情可阅读《触点：如何教养3~6岁的孩子》（*Touchpoints：Three to Six*）（布雷泽尔顿等著，严艺家译）。

身于一个五光十色的世界中，无法说话，但又不得不面对各种新奇古怪的东西与声音），他们需要每天在黑暗彻底降临时大哭一场来释放掉白天的压力（类似于高压锅需要开一条小缝让蒸汽释放出去才安全）。

有的宝宝在五六个月甚至更早的时候会突然开始认生，本来见人就笑的孩子现在看到陌生人就扭头大哭。这个阶段的宝宝大脑中的杏仁核部位飞速发展，开始出现了"害怕"的感觉，这对于一个孩子的发展是很重要的，毕竟我们并不希望宝宝分不清家里人和外人，看到谁都笑呵呵跟着走。但"认生"这一重要的发展里程碑可能会被认为是宝宝娇气胆小，当周围人贬低宝宝面对陌生人时的坏情绪时，这对宝宝的养育者来说也会是很大的压力，但这种认生的坏情绪是发展过程中必要的"触点"，养育者需要做的并不是擦除孩子面对陌生人时的害怕，而是用一些方式告诉周围人"我家宝宝可聪明了，他已经分得清楚哪些是陌生人哪些是熟人了"。

和本节开头提到的小黑猩猩相似的是，不少幼儿在学爬学走路的阶段，也经常会有特别黏养育者，或者行为出现倒退的现象。有不少宝宝在六个月时已经可以睡整觉了，但到了能自己扶站的阶段，又开始频繁夜醒，需要哄睡抱睡。一方面因为学步期孩子的浅睡眠变多，会在睡梦中复习白天学走路的各种技能并回味挫败感，另一方面也因为孩子知道自己即将掌握能随时离开养育者的生理功能，对此感觉矛盾，既向往又害怕，因此会出现情绪与行为上的变化，这些都是与儿童发展规律有关的坏情绪。如果爸爸妈妈能将心比心陪伴孩子度过这样一个既兴奋又有压力的时期，孩子就会从这样的过程中获取更多向前发展的动力，也能从父母的示范中学会如何在面对压力时调节自己。

一些即将进入语言爆发期的孩子会在某个阶段特别喜欢用大哭大闹来面对压力，养育者们面对这样的情形经常会感觉自责，感觉自己似乎没做好，或者感觉自己无法安慰到孩子，但也许孩子只是需要几天或者一两周的时间来重温做一个什么都说不出的小婴儿的感觉，当他们重温完这些感受之后，又会继续朝前发展，用令人惊叹的方式迅速学会许多口头语言。

到了三五岁的时候，很多孩子会开始出现丰富的角色扮演行为与想象能力，他们开始拥有前所未有的丰富的幻想世界。当养育者们为孩子新出现的创造力欢呼时，往往也会经历伴随着创造力而来的全新的内在"攻击性"：当孩子开始慢慢意识到自己心里也会有"小恶魔"时，他们会害怕那些对他人的负面感受会像逃出笼子的猛兽一般出来伤害别人，有些孩子在这个阶段会容易做噩梦，有些孩子则突然会开始害怕一些过去不会害怕的东西，比如汪汪叫的狗——那些凶巴巴的动物会让孩子联想到自己内在那些想要龇牙咧嘴的念头，并且对此感到害怕。不了解这些年龄发展规律的养育者可能会指责孩子"胆子真小"，孩子如果认同了这些评价，可能会对自己的感觉越发糟糕，陷入恶性循环之中。相反，如果养育者可以给这个阶段的孩子提供更多的渠道（比如经由聊天、玩耍、画画、体育活动等）去表达与释放攻击性，那么孩子就会发展出更多心理空间去涵容自己的攻击性，并且把攻击性转化为建设性的创造力。

　　入托入园、家中添丁、生病、搬迁……这些日常的变化也都有可能触发孩子的坏情绪❶，虽然我们需要用一些方式支持孩子走出坏情绪，但在本质上，意识到经历这些坏情绪对孩子而言也是一种发展需求，就能够帮助养育者们减轻焦虑，更有效能地应对孩子的退行型坏情绪。

---

❶ 详见本章第 4 节。

03/读懂孩子情绪的"画外音"，做会倾听、受欢迎的父母

不了解儿童心理咨询师的人，总会误以为干这行的人是不是有什么玄妙的读心术，或者有本《葵花宝典》之类的指南，能够解读与搞定孩子的各种坏情绪。我的两个孩子曾问我："那些小小孩似乎总是很喜欢你，你是怎么让他们看到你就很开心的呀？上次地铁上那个小宝宝本来哭得很大声，你好像跟他比画了几下他就不哭了，到底是怎么做到的呀？"

那就借着写这本书的机会来揭秘一下，若要读懂孩子坏情绪的"画外音"，到底有哪些门道，我把最厉害的一条放在本节最后了，坚持读到那里的话一定会恍然大悟呢！

第一条秘诀是：观察。身为成年人，在面对幼小孩子的坏情绪时，一定会希望有灵丹妙药能帮他们迅速走出难受的感觉，比如转移注意力是很多养育者在哄孩子的时候会用的招数。在工作和生活中遇到哭闹的孩子时，如果说我有什么做法可能会和很多人不一样，那就是会允许自己先用短暂的时间去观察一下，比如一个大哭的小婴儿会做出怎样的肢体动作（不同的肢体动作可能预示着不同的不适，比如到底是尿布湿了还是身体有疼痛），一个闹脾气的孩子在执拗的同时会有哪些自我调节的行为（比如搓衣角往往预示着孩子对于当下的情境感到非常不安，希望自己能够平静下来；有的

孩子虽然咧嘴大哭，但其实眼睛在偷偷瞄周围的养育者）……停下来观察一会儿会让我看到更多关于孩子当下坏情绪的信息，同时也让孩子有足够的时空去尽情释放表达一下内在的坏情绪（即使对成年人来说，能无所顾忌地大哭一场也是很奢侈的体验呢！）。从自我调节功能的角度来说，当所有人都一拥而上想要解决孩子的坏情绪时，孩子反而会因为人脸带来的更多信息输入而感觉"超载"，变得更加不知所措。在面对孩子的坏情绪时，适当以退为进可以为孩子创造出更多自我调节坏情绪的空间。

第二条秘诀是：镜映与等待。我有一位做儿科医生的朋友，总是有办法让在看医生时哇哇大哭的孩子迅速停下来，她的秘诀说出来你可能难以想象，那就是"跟着孩子一起哇哇大哭"。不少哇哇大哭的孩子在发现身边的成年人正在模仿自己哇哇大哭的样子时会突然停下来，困惑地看着大人，仿佛在说："你这又是在唱哪出戏？"虽然听起来有些奇怪，但其实"如镜子一般映照"孩子的情感及行为，这个过程本身是会激活大脑里的镜像神经元的。顾名思义，镜像神经元的作用就是如镜子般折射着他人的反应，想象一下当一个爱意满满的养育者看着粉嘟嘟的小宝宝时，是否会因为宝宝微笑而不由自主也洋溢起笑意？宝宝看到养育者笑嘻嘻的时候，是不是也会笑得更开心一些？这些无意识的情感交流正是仰赖于我们大脑中镜像神经元的作用。当然，镜像神经元也会"反射"坏情绪，比如当养育者自己很焦躁时，孩子也会容易变得焦躁不安起来。镜像神经元的存在让人类可以用非言语的方式去体验他人的内在世界，同时也让人变得不那么孤独——无论快乐还是悲伤，只要身边有镜像神经元正常工作着的人类，就有很大的可能被"看见"。我的那位儿科医生朋友模仿孩子哭泣，虽然这似乎并不是什么合乎逻辑的行为，却很巧妙地令孩子意识到"我的情绪是有人看到的"。

当我在心理咨询室里与儿童相遇时，更多时候不会主动进入他们的世界，而是待在自己的位置上，等他们注意到我，然后小心谨慎地去和孩子们建立关系。从自我调节功能的角度而言，人脸对于年龄小的孩子而言是个很大的刺激源，我有时候会让养育者们想象一下，如果遇到一个身高几乎是自己高度一倍的陌生人，带着夸张的神情想要拥抱你或者立马与你熟络起来，这种感觉是不是会很怪异甚至令人抗拒？不少孩子的坏情绪正是源于这些"还没准备好"的时刻。当他们感受到周围大人或养育者耐心等待的诚意时，会更有安全感来建立起全新的关系，或者在经历坏情绪时，知道自己不会因为坏情绪本身被过多"侵入"。

第三条秘诀是：自我觉察。因为镜像神经元的存在，在关系亲近的两个人之间，"我能感觉到你的感觉"并不是个神话，各位养育者不妨想想自己谈恋爱的时候，是不是很容易与另一半有心有灵犀的感觉？心理学上把这种体验叫作"投射"，在投射的基础之上，当你口渴时爱人正好递来一杯水，这种美妙的感觉则叫作"投射性认同"，也就是说"我能感觉到你的感觉，并且根据这个感觉去做出反应"。如果你感觉上述的科普有点看不懂也没关系，因为我们的俗语早就描述了这个奇妙的情感互动过程，"母女连心"之类的表述，正是在告诉养育者们：孩子的情绪体验与我们的情绪感知是一直在交互的。

当孩子经历强烈的坏情绪而养育者不知所措时，我经常会让大人试着觉察一下此刻的感受，有的养育者会感觉面对孩子的哭闹自己也很内疚，会想是不是因为陪孩子少了才导致孩子有了坏情绪。一方面养育者能诚实面对自己的坏情绪实属不易，另一方面这份内疚兴许也是孩子当下共同体验着的感觉，比如不少孩子会内疚于自己无法好好调节情绪，总是不知道要拿坏情绪怎么办；如果养育者问孩子："其实你也不想这样的，是吗？"孩子经常会委屈地放声大哭起来，这也意味着他们很难靠自己表述出来的情绪被养育者"翻译"出来了。又比如，有些养育者会在孩子出现坏情绪的当下感觉很愤怒，愤怒于孩子不听话或者自己的无能，我很难想象世上会有养育者从未在养育孩子的过程中体验过愤怒的感觉，愤怒本身是自然的；但与此同时，这可能也意味着孩子在体验愤怒，有时候询问一个执拗到令父母抓狂的孩子"你是不是对我们很生气"时，孩子经常会松弛一些，可能会嘟着小嘴点点头——在出现坏情绪的当下，这样的情感确认过程至少把沟通的桥梁搭起来了。

第四条秘诀是："时光穿越机"——这是个有点故弄玄虚的表

达，其实就是在觉察到孩子的坏情绪时，试着回到自己的小时候，想想自己在孩子这个年纪经历类似的坏情绪时，周围人做些或说些什么会令自己感觉好一些，有哪些行为与表达可能是火上浇油，是需要尽量避免的，记忆中有没有大人的某些表达对平复你自己的坏情绪特别管用。曾有一位妈妈着急地询问："孩子最近老生病，一生病就爱哭闹，除了给看电视看手机之外也没啥可以安慰到孩子的方法，但担心时间久了孩子养成爱看屏幕的坏习惯，有没有什么好办法可以应对和孩子生病有关的坏情绪？"我试着让这位妈妈回忆了一下自己小时候生病的情形，当时发生了什么，她得到了哪些照顾。妈妈回忆说，自己小时候生病不去上课时，其实也就是在家里整天追《西游记》的电视连续剧看，当时自己爸妈倒也不着急，每天都会给她煮好吃的西红柿鸡蛋面，现在回想起来都觉得很美味。她回忆到这里时恍然大悟说："原来这样就可以了，孩子都生病了，好好对他就是了，生病了还要有规矩，我可真是要求太高了。"

每个养育者都会带着最好的愿望希望支持孩子成长，但当头脑里有太多"应该"的时候，反而压制住了最原始自然的感受，坐着"时光穿越机"回到自己的幼年时期设身处地想一想孩子的坏情绪，也许就会柳暗花明。

我想用**第五条秘诀**来结束本节的内容：在和自己的孩子们解释为什么我看起来像是有魔力，能安抚别的孩子时，我也坦诚地告诉他们，"因为那都不是我的孩子呀！"这句话的意思是，在面对自己的孩子时，我们一定会在养育过程中投注最强烈的情感与愿望，这势必会让我们在理解自家孩子的各种坏情绪时有更高的焦虑水平，很难全然做个四平八稳的观察者或给予永远平稳的回应。我曾遇到过一位睿智的德国女心理治疗师，她说自己有个绝活，就是特别擅长哄别人家的小宝宝睡着。我至今记得她狡黠地说："能哄睡这些小宝宝的原因是，他们不是我的孩子，我压根不在乎他们是不是马上睡着呀！"也许能理解这一点的养育者更有可能会宽容地对待自己，即使是懂很多儿童心理知识的专家，在面对自家孩子的坏情绪时也会有六神无主、乱出昏招的时候，**与努力保持"正确"相比，做个"真实"的养育者对孩子的健康成长是有更多积极意义的。**

04/面对分离与变化带来的坏情绪，及时"翻译"和回应

不管面对几岁的孩子，当形形色色的坏情绪出现时，作为心理咨询师，我一定会从三个不同角度去思考，到底是什么触发了孩子的坏情绪。

第一个角度是与身心发展有关的：孩子在生理层面有没有潜在的不适？孩子是不是到了一些重要的心理发展阶段，以至于出现了情感与行为上的退行❶？

第二个角度是与养育关系有关的：比如孩子的养育者有没有一些表达或沟通上的局限，导致孩子长期无法以合适的方式被回应？孩子在经历坏情绪时，养育者自身的成长经验是否阻碍了他们去给予孩子合适的支持与安抚❷？

第三个角度则是与各种分离和变化有关的：比如宝宝最近是否从月子中心回了家？家中有没有重要成员（比如保姆阿姨）变更？妈妈是不是又怀孕了？孩子最近是不是刚去上幼儿园？爸爸妈妈最近是不是关系紧张？这个家庭最近会搬迁吗？家庭经济水平有发生

---

❶ 参见本章第 2 节。
❷ 详见本书第三章。

重大变化吗？

　　稍稍懂点儿童心理学知识的养育者们都不会对"安全感""分离焦虑"之类的字眼感到陌生，即使并不了解这些概念，大多数养育者也会观察到小宝宝在面对环境变化时经常会经历各种坏情绪。身为成年人，养育者们可能已经忘记了婴儿在夜晚入睡前会对黑暗与未知感到焦虑，睡眠本身意味着一个孩子要"离开"养育者，进入到一个未知的世界中。不少与婴幼儿心理治疗有关的书籍，都会从"分离焦虑"的角度去思考小婴儿的入睡困难。

　　而在学步期孩子群体中，不少养育者对于"孩子无法停止手头的玩耍去洗澡"这样的场景并不陌生，当一些孩子乐此不疲地玩耍时，知会他们"要去洗澡了"可能会引发极大的坏情绪，让大人们摸不着头脑。有时我会请养育者们想象一下："你在上班时极其忙碌专注地做一些事情，这时有人突然过来打断你，强烈要求你去完成一件在你看来无关紧要的事情，你会有怎样的感受？"——这就是很多两三岁孩子面对玩耍被打断时的心情。

　　从婴童到成年人，自我调节功能❶的发展会使一个人能更加自如地在不同场景中"转换"。如果有机会去观察小学生课堂的话，你会发现孩子们在"转换"方面的能力几乎决定了他们在多大程度

---

❶ 参见本章第 1 节。

上能适应学校的规则：如果一个孩子无法在经历剧烈运动（活跃清醒状态）后迅速转换到上课模式（安静清醒状态），那么就有可能干扰课堂秩序，无法集中精力听老师讲课。而在一些孩子处于"怎么做也做不好"的烦躁状态时，他们是否能通过自我调节功能转换至安静清醒的持续尝试状态，则预示着孩子能够在课业上取得多大的进步。

不少养育者都听说过"三年级现象"，指小学一二年级各方面表现很好的孩子，到了三年级开始就全方位表现下滑，出现课业无法跟上、自信心低下甚至厌学的现象。从教育专家的角度看，这种现象可能与三年级的知识结构复杂性变高相关；而从儿童心理发展的角度来看，这也有可能是自我调节功能发展水平不适配导致的结果——一个孩子是可以靠自己的聪明伶俐去应对幼儿园与小学低年级的课业及人际交往需求的，但当课业挑战变大外加同伴关系越发复杂时，一个还没有机会发展出足够多元的自我调节方式的孩子可能就会感觉无所适从，会在面对挫败感时不知何去何从，进而出现各种与焦虑有关的状态，以及退缩与回避。每次有机会和厌学、拒学的孩子聊一聊时，他们几乎都会谈到面对受挫感时的无能为力，这种受挫感既可能来自课业，也可能来自家庭或学校的人际关系，他们并不知道当周围的一些事情不如自己所愿或发生变化时，究竟可以用怎样的姿态去应对。

有不少养育者会想要了解，如何可以消除孩子的分离焦虑。比如一个刚上幼儿园每天要抱着妈妈大哭一场才能进园的孩子，究竟要如何使他免于经历那些坏情绪呢？

在我看来，"彻底消除分离焦虑"既不现实，也不必要。"不现实"是因为分离焦虑是根植于人类本性中的存在，人类作为群居动物，对于离开重要他人产生焦虑的感觉是再自然不过的事情，这增加了人类的生存概率。"不必要"则是指，能自如表达分离焦虑，比如去幼儿园前抱着妈妈大哭一场，这本身经常是一个人"安全有底气"的表现，研究儿童依恋的心理学家们发现，安全感最强的孩子往往会在和重要他人分开时表现出焦虑不安，但会在重要他人离开后不久继续通过玩耍等形式发展自己的各方面能力，而等重要他人再回来时，孩子往往会再次流露出不安与焦虑，仿佛把那些坏情绪都留给了最信任的人似的。即使作为成年人，如果能有让我们自在流露坏情绪的人，是不是也会在面对各种挑战时，觉得心里更有底气一些？

面对分离焦虑或无常变化带来的各种坏情绪，关键点在于养育者能够在当下及时"翻译"❶与回应孩子的糟糕感受，陪着孩子一起难受一会儿，并且在孩子准备好的时候提供或者合作得出当下冲突的解决方案。很多情况下养育者会因为各种各样的状况而无法实

---

❶ 详见本章第 3 节。

现上面提到的每一点，但哪怕能做一点点，对于孩子的成长都是有意义的。当养育者们细水长流与循序渐进地帮助孩子发展出足够健康的自我调节功能时，其实也是在让自己有机会重新去发展一些新的情绪调节功能，毕竟面对分离与变化并不仅仅是孩子们的事情，也是大人们一生都会面对的议题。

05/用"言语化"的方式表达愤怒，
而不是用拳头来说话

"说话"对一个人的意义，远不只是"把事儿说清楚"这么简单。就如本章第 1 节讨论自我调节功能时所谈到的，能说话意味着一个人就此有了一条全新的路径去调节自己的心理状态，可以在应对外界压力时多一层"缓冲垫"：当我们感觉生气时，可以用多种形式的语言去表达内心的愤怒，而并不是用拳头来说话，这就是"言语化"的力量。

几乎所有来到心理咨询室里的孩子在某种程度上是"不会说话"的，这里的"说话"并非指知道怎么把词汇排列组合成句子，一个看起来滔滔不绝、口若悬河的人，很有可能在心理发展的意义上还有"不会说话"的地方，比如当他们面对内在难以消化的感觉时，或者用各种方式回避未被处理的心理创伤时，可能会用各种方式去回避谈论这些议题，而这些"无法言说"的结果经常是以牺牲一个人的成长发展为代价的。比如一个担心父母离婚的孩子因为无法言说这份恐惧而不得不通过不去幼儿园、不断生病之类的方式来面对；一个对自己感觉糟糕透顶的孩子因为无法言说那些匮乏感，可能会转而去霸凌别的孩子，通过让别人体验自己内心世界的弱小来让自己感觉不那么孤单。许多令人费解与头疼的坏情绪背后，经常堆积了不少难以言说的体验。

我经常会让来到心理咨询室的养育者们思考一下：孩子平时的语言表达的中，涉及情感的词汇丰富吗？在理想状态下，一个6～8岁的孩子可以用相当数量的词汇去形容与区分不同的情感，比如伤心、生气、委屈、害怕、迷惑、尴尬等等，一个孩子越是有能力用精细的语言去表达那些强烈的体验，就越是能够获得周围人的关照，也越是能够帮助他去搞明白自己到底怎么了。不少养育者在想了一下之后会告诉我："这么说来，虽然孩子平时说话不少，但的确不怎么用与情感表达有关的词汇。"

有趣的是，当遇到这样的情况时，我经常发现养育者本身可能就不习惯说许多与情感有关的词。比如下面这段对话：

我询问一位苦恼的爸爸："当孩子大哭大闹时，你有什么感受吗？"

这位爸爸非常下意识地告诉我说："我觉得他这样做是不对的，因为……"

我回应爸爸说："你对孩子的观察与判断有一定道理，不过那是一个判断，我在想，作为一个爸爸，你面对这些情形时的感受是怎样的呢？"

爸爸看起来有些困惑，问："感受？哦，感受……感受要咋讲呢？"

我："嗯，不同爸妈看着孩子哭闹时都会有不同的感受，有的会很担心，有的会很生气，有的会很内疚。不知道你的感受是怎样的呢？"

爸爸沉思了一会儿说："我会很担心他长大以后没办法控制自己的情绪，毕竟明年就要上小学了，如果遇到一点挫折失败就大哭大闹的话，老师可能会觉得他不守规矩。"

在接下来的工作中，我和这位爸爸讨论了一些他小时候对于学校与老师的感受，发现其实这位爸爸小时候曾经历过和孩子非常相似的心路历程，而那些情绪冲动的表达让他在校园生活中经历了更多的孤立甚至羞辱。在看到这些之后，我向这位爸爸提出也许在"担心"之外他也有许多"害怕"的感觉，害怕孩子经历自己当年的那些困难与痛苦，因此会非常想要通过速效而强力的手段让孩子迅速安静下来。爸爸叹了口气说的确如此，但他也意识到那么做的效果适得其反，这些来自养育者真诚而自发的反思为我们进一步思考可以如何支持孩子发展出健康的自我调节功能创造出了新的空间。

类似上述这段对话的内容经常出现在我和不同文化背景养育者的沟通中，尤其在东方文化里，"内敛"是被高度推崇的美德，直接表达自己的内心情感经常会和"不够稳重"联系在一起，也经常会唤起匮乏感（"即使我说了自己不高兴也没人在乎"）甚至羞耻感（"这么大的人还哭，丢不丢人"）。但清晰表达与言语化感受在儿童心智发展的道路上是一项重要的功课，如果一个孩子无法通过表达情感来厘清自己的内心世界，那么等到了上小学、中学的时候，在面对越发复杂多元的世界与对自身发展的要求时，就会发现自己过去的智力与自我调节方式是不够用的。不少到了中学阶段出现严重抑郁、焦虑症状的孩子经常会被养育者描述为"过去一直都好好的，也不用我们怎么操心，但不知道为什么这几个月像变了个人似的"。在这样的描述背后，经常是一个孩子成长过程中言语化情感的能力被忽略了。

养育者们读到这里可能会想：从孩子呱呱坠地开始，到底要如何去培养他们言语化自身情感的能力呢？我列举了以下几种方法，相信大部分养育者都是能试试的：

1.有意识地在和孩子的互动中增加带有情感含义的词汇，无论是面对多小的孩子，即使是婴儿也在不断吸收内化周围环境的语言输入。比如看到宝宝早上醒来时不仅可以高兴地打招呼，更可以说："看到宝宝笑嘻嘻的，我也好高兴呀！"或者当宝宝哭鼻子的时候说："来来来，我们来抱抱，宝宝心里一定很生气，还感到很委屈。"养育者也可以适当多使用形容自己感情的词汇，比如"我要阻止你那么做，因为你做那件事情的时候会让我感到很担心"，当孩子生活在一个情感词汇丰富的养育环境中时，会自然习得把情感言语化的能力。

2. 和孩子一起阅读绘本或看动画片时，有意识地选择一些与情感有关的内容，而不只是局限在增加知识的层面上。 对待三四岁刚刚会说话的孩子，可以鼓励他们多多思考与描述书本或动画片人物可能有的内心感受，比如"小鸭子找不到妈妈了，你觉得它会有什么感觉呀？"或者"有没有一些时候你和小狗一样，会很着急等家人回来，能和我说说那是种怎样的感觉吗？"如果养育者每天有意识地和孩子讨论一两个这样的问题，会对提升孩子的情感言语化能力大有帮助。

3. 在孩子出现坏情绪的当下，试着去"翻译"孩子的情感❶。 有时候养育者对孩子情感的猜测未必是准确的，但沟通与澄清的过程会创造出一些空间，让孩子也有机会去思考自己的情感体验究竟是什么。久而久之，他们将能够在一次次的操练中习得在坏情绪出现的当下觉察自身感受的能力。

4. 多和孩子玩耍、做游戏。 因为在玩耍与游戏的过程中，孩子们有机会去演练各种各样的情感，有机会用象征化的手段去表达自己的日常情感。比如一个刚上幼儿园的孩子可能会通过"扮家家"

---

❶ 详见本章第 3 节。

的游戏来表述自己在幼儿园里的生活。对孩子而言，能和大人们在玩耍中互动就像是有了一块安全而自由的土壤去探索他人的内心世界。需要指出的是，此处并不包括涉及屏幕的玩耍与游戏，与现实相连的感觉才能让孩子们的情感体验真正"落地"。

5. 养育者们可以试着丰富自己的工作、生活与社交人际关系，在真实的人生中去完善自己的各项情感体验，哪怕只是抽空读读小说看看电影，去大自然里走一走，发展一些与孩子无关的兴趣爱好。很难想象一个如机器人般机械的养育者能给予孩子有活力的情感体验，如果一个养育者自身情感充沛，面对各种各样的感受可以"随心所欲而不逾矩"，那么这种状态本身对于孩子而言就是很有力量的示范。

如果说儿童心理咨询师真的有什么"魔法"的话，无非就是经过训练之后更知道在怎样的时机以怎样的方式去帮助孩子言说那些本来无法言说的东西。对孩子而言，言语化本身能帮助他们勾勒出内心的不安与恐惧，那些坏情绪大怪兽在言语的作用下有了更清晰的形象，而这份"面对"本身就意味着力量。愿更多养育者能把这份力量传递给孩子们。

★ 情绪小课堂

问题 1：孩子的问题都是父母的问题吗？

严艺家：每个宝宝似乎都有一些先天的"出厂设置"，决定着他们会以怎样的方式生活在这个世界中，有的节奏快些，有的反射弧长些，这些部分并不是父母言传身教或环境影响的产物，它们甚至在某种程度上决定着父母要成为什么样子。

问题 2：本来见人就笑的孩子现在看到陌生人就扭头大哭，是孩子娇气胆小吗？

严艺家：这种认生的坏情绪更多是发展过程中必要的"触点"，养育者需要做的并不是去擦除孩子面对陌生人时的害怕，而是用一些方式去告诉周围人"我家宝宝可聪明了，他已经分得清楚哪些是陌生人哪些是熟人了"，并且支持孩子在安全的氛围中去与陌生人建立可耐受的联系。

问题 3：孩子一生病就爱哭闹，除了给他看电视、看手机之外也没啥可以安慰到孩子的方法，应不应该让他看？

严艺家：每个养育者都会带着最好的愿望希望支持孩子成长，但当头脑里有太多"应该"的时候，反而压制住了最原始自然的感受，坐着"时光穿越机"回到自己的幼年时期设身处地想一想孩子的坏情绪，也许就会柳暗花明。

问题 4："分离焦虑"可以被彻底消除吗？

严艺家："彻底消除分离焦虑"既不现实，也不必要。"不现实"是因为分离焦虑是根植于人类本性中的存在。"不必要"则是指，能自如表达分离焦虑，比如去幼儿园前抱着妈妈大哭一场，这本身经常是一个人"安全有底气"的表现。

第三章

父母的坏情绪里藏着金钥匙

01/亲子关系中有爱有恨，才是更为真实的亲密

有不少养育者在开始重视面对孩子坏情绪的同时，各种懊悔之情也会油然而生：过去当我没有用合适的方式处理孩子的坏情绪时，是不是已经给孩子造成巨大的、难以磨灭的心理阴影了？如果未来时不时用"不正确"的方式处理孩子的坏情绪，孩子是不是会被我养坏？

作为儿童心理咨询师，我当然喜闻乐见养育者们每时每刻都能善待孩子，但生活很多时候并不完美，成年人都有自己的局限性。好消息是，当养育者偶尔用并不那么合适的方式对待孩子时，也有可能会带给孩子一些与成长有关的体验。

养育者表现出一些坏情绪并不是世界末日。当孩子在那里哭闹，有各种各样的情绪袭来时，几乎没有人能做到100%的淡定。我甚至会说，如果一个养育者对于孩子的坏情绪表现得过度平静的话，对孩子而言也是一种非常不真实的，甚至会有点挫败的体验。孩子可能会觉得：你到底有没有在乎我的感受？为什么你可以对我的情感无动于衷呢？

当养育者偶尔表现出坏脾气时，这个坏脾气本身并不会"杀死"孩子。孩子也需要通过和成年人非常真实地互动，去了解世界上每个人都会有自己的情绪。即使不在家庭中见证成年人的坏情

绪，孩子到了社会上，总会有各种契机让他体验到人类这部分非常自然的表达。与其在一个非常不安全的或者完全不被保护的环境下去见证成年人的坏情绪，对亲子关系底色还不错的家庭来说，孩子偶尔见证养育者的坏情绪反而是相对安全的。

对孩子而言，真实是构建亲密关系的基础。养育者也许会幻想自己再也不发脾气了。可是一个从来没有发过脾气的养育者，对孩子而言也有可能是非常不真实的——亲子关系中有爱有恨才是更为真实的亲密。

养育者需要避免的是用自己的坏脾气去对孩子"施虐"，比如没有节制地发泄自己的坏脾气，或者因为自己无法招架孩子的坏脾气而在身心层面惩罚他们。举例来说，养育者可以告诉孩子"我此刻很生气，没有办法和你好好说话"，但要避免对孩子说"这点事儿都发那么大脾气，未来你一定没出息"之类贬低羞辱式的语言。

其实当孩子发脾气时，养育者真实面对自己当下的情感体验是非常重要的，从精神分析理论的视角看来，养育者在孩子出现坏情绪当下体验到的感受经常和孩子在那刻体验到的感受是等同的，这有点像俗语里的"母女连心"。我想分享一个身边人的小故事来帮助大家理解这个重要的信息。

我有一个朋友，曾经在孩子10个月的时候去出差，因为还没有断奶，所以当她回来的时候，孩子似乎表现出了非常不高兴的情绪，即使在晚上喝完奶之后都不愿意入睡，在那里大吵大闹的，就这样子好几天都要一直吵到半夜。

朋友非常无奈，于是在微信上问我："艺家，我现在到底应该怎么办？"我当时问她："孩子在你面前哭闹的时候，你心里面会有怎样的一种感觉？"然后她想了想说："我觉得他可能是觉得我前两天没有陪他。"我说："这不是感觉，这是你的一个判断。感觉，是指你可能会觉得很悲伤，你可能会觉得很无助，你可能会觉得很害怕，你可能会觉得很愤怒。对你而言，那一刻你体验到的是怎样的一种情感？"

好朋友想了想，她说："我觉得这一刻其实是非常的失落，会感觉我走了没几天，回来之后，宝宝好像就不认我、不喜欢我了。"我说："这种感觉此时此刻对你非常重要，因为很可能这是一个不会说话的孩子，希望你能理解他的内心世界的感觉。也许他体验到的是那种失落与委屈的感觉，当你把这样的感觉反馈给孩子的时候，再去看看会发生什么。"

朋友当时有点半信半疑，因为她很难想象这么小的孩子能听懂大人讲的话，但是她还是抱起孩子，然后对孩子说："妈妈感觉到有一点失落。是不是因为前几天妈妈不在家，你觉得非常难过。当妈妈回来的时候，你可能很担心妈妈又要再次离开。其实妈妈自己也很舍不得你，也想多陪陪你，妈妈向你保证，即使要出差，也一定会告诉你，并且按时回来，好吗？"

朋友后来告诉我，当她说完这番话的时候，孩子突然举起了一个小拳头，朝她的胸口重重地打了三下，然后就沉沉地睡了过去。

朋友在那一刻深受触动，因为她发现即使一个不会说话的孩子，当他的情绪能够被爸爸妈妈看到的时候，居然也会有如此清晰的、直白的表达。并且在这样的表达过后，孩子马上进入到了一种相对平静的状态。

真正帮朋友去面对孩子坏情绪的，恰恰是她面对自己内心坏情绪的勇气，那些失落感是走进孩子心里的钥匙。

类似的故事还有很多，重要的是希望各位养育者们明白：千万不要把坏情绪当敌人。很多时候，坏情绪是来帮助我们更好地理解孩子的。当这些坏情绪出现的时候，我们可以回到自己童年的位置上去思考一个问题：当我小时候经历这样的坏情绪时，会希望周围的大人怎么对待我。

在为养育者的坏情绪正名时，也需要谈谈当养育者实在不小心发作了一番之后要如何善后。我会建议养育者找一些情绪比较平和的时机去向孩子郑重道歉，或者告诉孩子自己其实很后悔没有能够控制住自己的脾气。道歉和讨论的过程，是在向孩子示范，爸爸妈妈自己是如何进行反思和觉察的。

比如可以告诉孩子："爸爸那一刻非常的疲劳，所以没有控制好自己的情绪，对你发了那么大的脾气，我觉得非常抱歉。我们可以来讨论一下，将来如果出现这样的情形，我怎样可以真正帮到你。你希望大人们在那一刻对你说些什么、做些什么？"

很重要的是，我们要告诉孩子，那些大人的坏脾气并不"都是你的错"，关于如何更好地应对情绪，大人们也有许多需要去学习的功课，这是一个共同成长的过程。当养育者们可以坦然面对自己的局限性并愿意为之付出觉察与努力时，孩子也会从中学到很重要的一堂情绪课：即使个体或关系不完美，爱与关怀依旧有空间存在。

02/ 寻回我们原本的力量，陪伴孩子度过坏情绪

我们都曾是一个有过坏脾气的孩子。

在大多数"现役"养育者成长的过程中，儿童心理健康这件事儿并不怎么被强调，因此我们糊里糊涂地就被养大了。当身为孩子的我们经历坏情绪时，经常无法得到合适的支持，很多养育者可能要等进入了社会或婚姻家庭之后，才慢慢学习如何用更成熟的方式处理自己的坏情绪。

而此刻，身为养育者要试着给予孩子一些自己从未体验过的东西：在坏情绪爆棚时，孩子需要从养育者身上既体验到理解，也体验到规则，而提供这些从来都不是一件容易的事情。有的养育者自己小时候坏脾气爆发时可能会被父母粗暴对待或者经历过校园霸凌。当自己的孩子情绪失控表现出非常愤怒的状态时，可能会激活养育者对自身童年某个情境的无意识回忆，误把孩子的反应体验成一种威胁，被那些无助而恐惧的感觉吞没。这种情况下，养育者可能会不知不觉做出一些不那么明智的反应。

比较常见的一种对待孩子坏情绪的方式是"压制"，养育者会用自己的父母权威告诉孩子，你不许再哭了，你不可以再叫了。有些时候孩子迫于父母的权威可能会服从指令，但是这并没有帮助他们去形成更加成熟的情绪管理机制，他只是学会了在那一刻迫于各

种压力而被动服从，并没有学会如何去命名情绪，理解、表达自己的情绪从何而来，又要去向哪里。长期被压制坏情绪的孩子经常会在青春期出现情绪抑郁或自伤的情形，仿佛那些硬生生被压下去的坏情绪以另一种方式完成了身心表达。

另一种常见的对待孩子坏情绪的方式是"忽略"。一些父母会非常逃避孩子很激烈的情感，比如当孩子表现出很委屈、非常恐惧，或非常愤怒的时候，家长反而想要远远地逃开，或者有意无意地视而不见，期待孩子可以自动让坏情绪消失——坏情绪的确有可能会在一段时间后自然消解，但孩子从这样的经历中习得的体验是"发脾气的我是不值得被关怀的""大人们只喜欢很乖很听话的我"。这样的心态容易让孩子无意识中形成讨好型人格，无法在照顾自己的真实情绪与平衡外界需求之间找到中间地带。

陪伴孩子健康应对坏情绪的终极目标是帮助孩子在坏情绪发生的当下既可以有心理空间理解自己到底为什么不开心，能向周围人有效表达自己的情感，又能够富有建设性地去达成一些符合共同利益的目的或让需求得到满足，这也许就是俗话说的"高情商"。

不少养育者在处理孩子的坏情绪时，经常会走入的另一个误区在于总是会试着给很多的解决方案，而忽略了孩子的情感。

很多养育者在自己还是个孩子的时候，会被周围人习惯性地通过"讲道理"的方式来纾解坏情绪。但"讲道理"真的管用吗？

一些妈妈可能对这个问题有很切身的体会。在生完孩子之后，妈妈们或多或少会经历情绪比较低落的状态。那个时候当周围人用大道理来和你说，比如"当妈妈就是伟大的""你看小孩子生得多漂亮""你多应该高兴"等等，这是没有用的。

要是有人过来和你说："你真的很不容易，我知道最近你付出了很多，可能很多时候你会觉得很疲劳，我可以看得到，你也是很努力的，想要做到更好。"面对这样的共情和呼应，我们才会感觉自己的情绪是真正被照顾到的。

当一个人在经历坏情绪的时候，左脑负责逻辑的部分与右脑负责情感的部分都需要被照顾到，但当右脑的情绪无法被先照顾到时，道理是无法直达心里的。当我们只讲一些理性层面的道理，而缺乏情感呼应的时候，对情绪的干预是不管用的。这也回答了爸爸妈妈经常会问的一个问题："学了很多道理，却依旧搞不定一个孩子，到底是什么原因？"这往往和我们与孩子在情感方面"失联"有很大的关系。

面对孩子的坏情绪时，养育者的下意识应对方式，无论是压制、逃避还是情感失联，或多或少都来自我们曾经是被怎样对待的。每个人的成长过程都会有不完美与遗憾，当有机会养育一个孩子的时候，那也意味着养育者有了机会去给眼前的孩子提供一些自己不曾有过的东西：这个过程并不简单，有时候甚至令人感到很陌生，也许在此之前，养育者需要先去养育自己内心那个可能还需要被照顾的小孩。

如果养育者感觉在面对孩子的坏情绪时无法把持住自己的坏情绪，也许可以尝试进行这样的一个练习：先深吸一口气，慢慢地从一数到十。在这个过程中，回想一下自己曾经身为一个孩子的感觉。可以想象一下，当自己作为一个孩子，有各种各样的坏情绪时，周围人是如何对待你的？那些方式带给你哪些体验？有没有一些方式在当时能够安抚到你，让你感觉好一些？那个小时候的你希望周围人怎么来帮助、支持你呢？

可以试着回忆，一些小时候被大人们深深支持的时候，也许那源于一个拥抱，也许只是拍拍你的肩膀，也许是一句特别感动你的话。那些支持到你的表达方式未必能够在育儿书中看到踪迹，但是你对它是有非常确实的感觉的。

同时，你也可以回想一些自己小时候比较受挫的、失落的场景。在那样的一些场景当中，可能你并没有得到来自爸爸妈妈足够好的回应，可能你也曾经被打压过、忽略过，或者爸爸妈妈试图来帮助你，而他们所说的话并不是你想听的。这些不那么完美的时刻，也在提醒着我们，可以选择用其他的方式来对待我们的孩子。

当每一个爸爸妈妈开始反思自己童年成长经历的时候，对于怎样与面前的这个孩子相处，可能会有各种各样的灵感或者方法出现。再怎么强调都不为过的要点是：**面对孩子的坏情绪，连接情感优先于提供解决方法**。在我们给出一些具体的解决方案或者理解问题的角度之前，我们都需要先看到，孩子当下承受着多么强烈的情绪，对孩子而言，他只会体验到"我很不舒服"，可是他很难用非常精准的词汇表达出这种不舒服是什么、从哪里来，但这些不舒服需要被养育者看见，无论是以言语（"你是不是感觉很委屈"）还是非言语（拍拍肩膀或一个拥抱）的方式。

很多养育者在一开始会怀疑：这些看似无用的方式真的能帮到孩子们吗？但在尝试后也会惊讶于孩子的坏情绪的确在这些"被看见"的时刻变得温和起来，这几乎是一种"无招胜有招"的体验，重要的是养育者会通过这样的经验意识到：原来我自己就有力量，陪伴孩子度过那些坏情绪，力量不是来自某本书的某条"魔法"。

03/身为心理咨询师，你能搞定自家孩子的坏情绪吗？

我常在咨询室里遇到爸妈抱怨，花钱参加了很多育儿培训，却发现没什么用——为什么我花了很多时间学习育儿知识，但到实践中还是束手无策？为什么别人学了有用，对我的孩子就不奏效？这么多的育儿知识，我应该怎么学才对？

他们经常转而对我有一种幻想：你是心理咨询师，一定非常知道怎么搞定自己家的孩子吧！

我对这个问题的真实想法如下：

第一点，面对孩子时，我是他们的妈妈，而不是心理咨询师。不管是在工作中还是生活中，我都不喜欢用"搞定"二字，因为这个词语已经隐含着不那么平等的意味了，"看见"孩子才是成长真正发生的起点。

第二点，如果一定要说这个职业带给我什么的话，我觉得它让我知道，有时候孩子有一些毛病也不是什么大事。我觉得可能很多人对于我的职业有一种幻想，会觉得我们可能像机器猫一样，永远装着各种各样的方法，可以搞定小孩儿，但是其实未必如此。

我们可能只是更知道，怎样才算是真的"看见"孩子，"看见"孩子坏情绪背后的真实需求，而不是用一种大而全的方法"搞定"他们。

面对孩子的坏情绪，养育者也会感觉痛苦，会幻想有万能的方法来消灭孩子的不开心。这种对于全能感的向往是可以理解的，但对于亲子关系来说又有可能是种阻碍：不管对于孩子还是养育者来说，坏情绪的存在就像是"创造"了一些成长的空间，让人可以发展更多的自我调节或共同调节方式，去面对人生的起落无常。

"知识育儿"本质是非常值得鼓励学习的。但狂热地学习育儿知识的背后，也经常隐藏着养育者的匮乏感——倘若养育者本身没有被父母温柔对待过，那么要去温柔对待一个孩子，要去提供一些自己从没经历过的东西，并不是那么容易的一件事情。

高竞争的社会文化经常会不知不觉裹挟父母的养育节奏，以致父母总焦虑于自己是不是做得不够好、不够多，变相促成了知识育儿的狂潮。

但为什么学了这么多理论还是无法面对或解决孩子们的坏情绪呢？

"你教我一个办法，让我一招搞定孩子"——这是许多养育者会有的急切心态，在自媒体的私信留言里，我经常见证很多养育者幻想通过一个简单的回答去解决一个特别大的问题。比如说，有的父母会问"我的孩子一生气就大吵大闹怎么办？"这个问题很大，大到可以写一整本书，但很多父母会有一种幻想，觉得最好有个理论，可以帮他们快速搞定这些东西，但问题发生时，需要被看见的是孩子，而不是知识。

首先，过度的知识育儿，会隔离情感，亲子关系中只剩下解决方案，这样孩子是很难接受的。

比如某派育儿理论中有个工具化的操作技巧，家长在和孩子沟通时，应该先和孩子反馈他的感受，比如："我知道你现在很生气，因为妈妈没有给你吃这块巧克力，你感到非常非常生气。"反馈孩子情感这个出发点是好的，也很重要。但有些爸妈只想着照搬书上或讲师的原话，机械化操作，反复地对孩子说这句话，而没有看到自己孩子当下的情绪有何独特之处。比如孩子的不高兴有可能并非因为没吃到巧克力，而是对父母最近工作太忙感到失落；也有可能是因为家里有了弟弟妹妹，孩子心里有不公平和委屈的情绪没被看见；又或许，孩子只是想吃一块巧克力而已，父母因为过度担心与焦虑而拒绝了孩子的合理请求。机械死板地照搬理论，对孩子肯定是不管用的。

其次，理论是一样的，但每个孩子都不一样。

不管学了多少东西，父母都应该知道，每个孩子、每个家庭都是不一样的。没有一条全球通用的原则能适用于所有人，明白知识的局限性也是父母成长中很重要的一部分。即使是从事相关工作的专业人士也必须花很多时间去了解孩子是怎样的人、父母是怎样的人、家庭内部关系怎样，才能把理论和眼前的孩子结合以做出一些假设。

"头痛医头，脚痛医脚"这种方式不适合教育孩子，因为让父母头疼的各种行为背后可能有更深层次的原因。孩子的症状本身，可能是孩子对家庭关系有所觉察后的一些无意识行为，比如父母关系不好，或者家里总有人吵架，或是有了二孩，老大感觉很不开心。这些情感层面的问题，需要家长从根源上去面对。

有时，一些刚上完某种亲子沟通技巧培训课的父母，经常会发现在短期内，那些策略对孩子是有用的，但时间久了又不行了。很多人会反反复复参加复训，他会想如果那样做不管用了，是不是自己哪里做错了。其实，真正的问题可能是父母本身的关系问题或人格问题，又或是家庭在经历严重的危机，但父母可能会回避这些问题的存在，对这些问题视而不见。死死抱着知识，而不去面对家庭中真正的问题，是没办法让孩子的问题行为得到改善的。

第三，养育者需要意识到的是，育儿理论并不都是正确的。

知识本身就是有局限性的，觉得知识无所不能的人往往是非常自恋的人。即使某个育儿理论有极高的普适性，但任何工具的使用，都需要大量的操练。有一些育儿课程的理论出发点其实是大量运用心理咨询的技术，但即使对于一个咨询师来说，这些技巧都要经过大量的操练、督导和自我体验才可以去运用，对普通的父母来说就更难了。而且，心理咨询的这些技术和技巧，即使是心理咨询师也不会在咨询室外刻意使用，不然会让人感觉非常不真实，或者可能会让人感觉被冒犯，会感觉自己一直在被人盯着分析，这种感觉并不是很舒服。

一把刀既可以用于做手术，可以用于切菜做饭，也可以用于与人搏斗——用它的人是谁，以及目的是什么很重要。如果孩子察觉到"知识"是父母用来控制自己的工具，那么也一定会用各种方式还击的。

此外，市面上也有一些不合格的育儿心理讲师，他们很难真正帮助、支持到孩子或养育者们。

而一直被父母用各种理论对付的孩子，他们的情况是什么样的呢？

1. 极度愤怒的孩子，也许是在代替父母生气

当孩子被过于理智化的父母对待时，经常会呈现出几种状态，有一种是愤怒，从精神动力的角度来说，仿佛是在代替他的爸妈愤怒。

比如，当爸妈看到孩子情绪失控，在地上打滚，心里很恼火，但还是表现得很平静，像唐僧一样，非常理性地照搬书本，念叨书本上学来的东西时，孩子会越来越气愤，这种气愤其实有一部分是在替父母气愤。因为很多时候，亲密关系中最重要的基础是真实，如果本就有激烈的情绪，却表现得太过平静、太过理性，其实是丧失了真实的基础。而这样的关系是不亲密的，所以孩子通过这种极致的情感表达，仿佛在告诉爸爸妈妈：我想你是一个人，而不是一个机器人。

所以，父母如果有情绪，孩子不会因为你说自己很生气而被吓倒，父母有情绪却不表达，对孩子来说才是一种非常糟糕的体验。

因为他会觉得爸爸妈妈对待我的方式是很虚假的，这就意味着几乎丧失了建立关系的任何基础。偶尔对孩子发个火，有时候也是感情够深的一种表现。

2.自我封闭的孩子，也许是反抗父母的过度理智

第二种状态是这个孩子会进入一种比较自我封闭的状态。精神分析心理学中有个术语叫作"被动攻击"，那些看起来没做什么，但结果让周围人很不爽的事情，都可以看成是被动攻击。在这样的情境下，父母可能会气急败坏地跟孩子说："我都这样了，你怎么还不回我的话。"

可能爸妈之前用了很多书本上的套路和孩子沟通，发现不管用，然后流露出真实的情绪，比如告诉孩子自己当下的感受："你这样妈妈真的很着急，不知道怎么办才好。"这时你会看到，孩子的眼泪开始流了下来。虽然这一刻家长只是如实表达了自己的急切与无能为力，看起来一点也不像高深的魔法，但很真实，情感是饱满的。

很多时候，孩子会用沉默的方式来反抗父母过于理智化的沟通方式，养育者不妨想象一下，如果你在谈恋爱，另一半天天照着书跟你讲话，你爽不爽？在育儿过程中，照着书讲话就会给孩子这样的感觉，会令人觉得"你根本没有看到我的存在""你只是在用很多所谓的理论和我交流""你不是真的在和我讲话"。所以在这种情况下，孩子也许会很强烈地反击，也有可能会通过沉默、不配合，

或者敷衍的方式来回应父母，形成被动攻击，让父母不爽。

但是这种被动攻击可能会有效，所谓的"有效"就是父母会崩溃，会展示出最真实的情绪。虽然父母情绪太过强烈，孩子的确可能会面临另一层心理压力甚至创伤，但至少那一刻双方都是真实的，而不是活在书本里的状态。

3. 孩子的情感表达能力弱

被父母长期过度理智化对待的孩子普遍还会出现的一种状态，就是情感的表达能力非常弱。这一点听上去很奇怪，因为几乎所有育儿书都会告诉父母，用语言表达情感很重要，你一定要帮助孩子先反馈他的情感，等等。但是，父母如果非常生硬地照搬这样的做法，效果往往并不好。

我经常会在工作中问父母一个问题："小孩儿哭得那么厉害的时候，你心里有什么感觉？"有的爸妈会说愤怒，有的说难过，有的说内疚，有的说自责，有的说困惑，各种各样的感觉都有。其实那一刻他们内心体验到的情感，往往是与孩子的情感"心意相通"，换句话说，孩子通过情感的传递，让父母知道他的内心在体验什么。比如，哭的背后有可能是生气，有可能是内疚，有可能是不知所措，父母要想知道这个答案是什么，就必须在那一刻和自己有所连接，去觉察内心那一刻的感受。

记得很久以前孩子年纪还比较小的时候，有一天突然把一本书很用力地丢在地上，显得非常愤怒。其实我完全可以说："你在干什么？你不许这样。"然后把她骂一顿。但是那一刻，我内心有一点非常难过的情绪，我也不知道这种难过到底从哪儿来，但似乎又觉得有点自责，可能那段时间工作忙，陪孩子的时间比较少。于是我问她："你刚才丢书，是不是因为妈妈这几天工作很忙，没有很多时间陪你，所以你很不高兴？"然后她一下子就抱住我说："是的。"一个小小的坏情绪危机就这么过去了，有魔法的是我对自身感受的诚实，而不是什么高深的技巧。如果我在那一刻非常想当然地认为她丢书是在生气，并自以为是地教育一番，那也许就错过了一个让情绪可以被观察和思考的机会。

4.过度理智化与控制的父母，容易遭遇孩子在身体层面的反抗

一些"走脑不走心"的父母，看起来从不发火，但是他们运用理论的出发点是为了全然控制孩子，那孩子绝对不会买账，不管你伪装得多么和颜悦色，他也知道"你就是想控制我""你就是不想让我活出我自己"，孩子一定会有办法来反抗你的。当孩子语言表达能力有限的时候，他会通过坏情绪让父母知道自己心里面在感觉什么，在想什么。在和许多青少年来访者工作的过程中，我发现他们经常会在身体层面上反抗父母的过度理智化与控制，比如出现进食障碍或者自伤自残。

很多时候，当我在咨询室里问父母"你有什么感觉"时，父母告诉我的是他们的判断，而不是他们的感觉。他们的判断可能是"孩子在那一刻想引起我的关注"，那我会打断父母，说："这是你的判断，不是你的感觉。感觉是指生气、难过、委屈、愤怒等，你可以描述一下吗？"他们会突然安静下来，感觉很难回答这个问题，但是如果我给他们时间的话，过一会儿，他们会反馈出一个对我们来说很有价值的回答。有的父母会说："我可能会很内疚，因为我觉得我平时做得不够好。"其实，孩子有时在发脾气、失控的时候，他自己也会经历非常内疚的情感。你可以想一想，当你自己是个孩子、经历内疚时，你希望周围人对你说什么、做什么，父母可以站在孩子的立场上去考虑这个问题。

但是，一个过于拥抱知识而非情感的父母，是没有办法真正站到孩子的立场上去考虑的，如果不能和自己内心很真实的情感待在一起，则可能很难想到这些层面的问题。在这样的环境中长大的孩子，对于自己的情感体验也经常是迟钝与隔离的，比如一些自我伤害或者暴食的孩子经常会出现一些和情感"失联"的状态：我也知道这样不好，可我不知道自己那一刻到底怎么了，就是很痛苦但控制不住自己做那些事情。这样的孩子需要更多新体验，才会慢慢学会诚实觉察与面对当下的情感，在痛苦发生时能谈论和思考它们，而不是简单通过"做些什么"来解决那些情绪——养育者有机会在孩子童年就帮助他们习得的技能，只能到了青春期再补，但代价往往很大。

那么面对各色育儿理论，爸妈到底应该怎么选择呢？

首先，养育者可以多看真正经典的书籍。

同一样工具未必适合所有孩子，但先于工具产生的育儿理论之中往往有着能让父母融会贯通的智慧，因此我建议父母像追根溯源一样，去静下心来看一两本经典的、畅销很久的好书，比如塞尔玛·弗雷伯格（Selma H.Fraiberg）写的《魔法岁月》（*The Magic Years*），1959年一经出版就畅销至今，是一本很值得学习的儿童心理学著作。

其次，养育者可以尝试多思考自己身为一个孩子的体验。

父母最大的力量来源并不是书本，而是自己曾经身为一个孩子的体验，不管体验是好的还是坏的，都可以带来很多的启发和思考，让我们知道应该怎么对待自己的孩子。

有些父母童年过得并不幸福，有很多的痛苦和创伤。因为自己小时候没有被好好对待，所以更可能知道父母的无心之失也许会给一个孩子带来多大的影响，他不想让这样的影响在孩子身上重演，以致过于小心谨慎地衡量自己在养育孩子过程中的种种表现，过于焦虑。但是这种焦虑背后，可能是父母自己内心有一些非常创伤性的体验。

也有一种可能是，幼时经历痛苦的父母很容易把一些熟悉而难以言说的感觉付诸行动，比如被家暴的人可能又去打孩子了。也许他还没能直面自己童年成长的经历，因为这对他而言可能是非常痛苦的。在这种情况下，父母当然可以求助心理咨询师，如果不求助心理咨询师，也可以看一些文学作品、影视作品，或者只是和自己的配偶聊一聊，和朋友聊一聊，写一些类似于自传的东西去疗愈自己——这些方式都可能帮助人们重新找回自己身为一个孩子的体验。

对每一个家长来说，身为孩子的体验都是非常丰富的宝藏，很多父母来到我的咨询室里，我教给他的并不是怎样翻某本书找到一个答案，而是怎样通过自己去寻找到一个适合孩子的答案，这个过程中，自己身为一个孩子的体验是非常重要的。

不管是作为父母还是一个人，都要看到自己有局限性的一部分，这才是让自己和周围人过得更好的生活秘诀。

最后，养育者要有独立思考的能力。

很多父母都希望自己的孩子拥有独立思考的能力。父母是孩子最好的老师，当我们在学习知识理论的时候，也需要有这种独立思考的能力，并不是说别人告诉你他是全能的，你就接受他是全能的。你需要用一种思辨的方式，去看待这些理论好的地方有哪些，存在局限性的地方有哪些，适合我孩子的有哪些，不适合我孩子的有哪些。包括刚才提到的经典书籍，其理念和方法的适用性可能也会随着历史的变迁有一些变化，因为现在的时代和过去很不一样，培养批判性思维和独立思考的能力也是父母的一项自我修炼。面对眼花缭乱的育儿理论知识，这点尤为重要。

04/照顾孩子的坏情绪前，先照顾自己的坏情绪

　　许多爸爸妈妈都遇到过这样的状况：当宝宝开始又哭又闹，或者显得非常委屈时，自己内心也会有一团无名火腾地就升了起来。在那一刻，很多爸爸妈妈内心会有非常冲突的感受，一方面感觉需要做些什么，来处理孩子的坏情绪，另外一方面又觉得自己在气头上，没有办法正常行使爸爸妈妈的职能，甚至可能因为自己的脾气而伤害到孩子。这的确是一种非常两难的局面。

　　坐过飞机的人都知道，在我们看安全录像时，会有这样一段指示：当飞机出现一些紧急状况，氧气面罩掉落时，同行的大人需要先为自己戴好氧气面罩，才能去为旁边的孩子戴上。这给了我们启示，就是在充满压力的情境中，成年人永远都要先照顾好自己的情绪，才能去照顾孩子的情绪，这是我们处理这种状况的一个大原则。

　　很多爸爸妈妈可能会担心：当我们把孩子放在旁边，任由他沉浸在坏情绪中，这是否会给他留下心理阴影？记得有一位同行写过一句话："孩子并不是豆腐，并不会一碰就碎。"对于这句话我是部分认同的。我们可以允许孩子在一段时间内去经历一些坏情绪，比如哭泣，或者对一些事情感到很愤怒；但是我们需要避免让孩子体验到一种来自爸爸妈妈的抛弃感。这种抛弃感是指有的爸爸妈妈在

自己脾气上来的时候会对孩子说："如果你再……，我就不要你了。"或者"如果你现在不停下来的话，我们就走了，随便你自己和谁回家。"这样的表述会让孩子感觉到非常的恐惧，会感觉到自己的情绪并不被爸爸妈妈所接纳，甚至有可能会因为坏情绪而受到惩罚，这些感受并无助于孩子从坏情绪中成长起来。

我们可以用另一些方式对孩子说，例如"你可以现在在这里哭一会儿，但爸爸妈妈也需要时间冷静一下，会去房间里待一会儿，等你需要的时候可以过来找我们"或者"你现在在这里哭，我也很心烦。此时此刻我并不知道要怎么办，但是我会在这里陪你待一会儿，我们都冷静一下"。

这样的表述，会让孩子感觉虽然当下爸爸妈妈并没有什么好的方法能帮助到自己，但至少他愿意维护这段关系，是一种不离不弃的状态。在一段亲密关系当中，这种不离不弃对对方来说，是一种非常重要的情感。

养育者在自己坏情绪爆棚的当下，不妨试着从纵向和横向两个维度问问自己。

在纵向维度上，我们可以问自己：此时此刻我体验到怎样的一种情绪？这种情绪对我而言是不是很熟悉？当我体验着这种情绪的时候，我是否会回想起一些过去的事情？那是一些怎样的场景？在那样的场景中有一些怎样的人？

比如当爸爸妈妈在体验到愤怒的情绪时，可能会联想到小时候被自己的爸爸妈妈攻击时的那种愤怒，而自己孩子的非常愤怒的状态，激活了自己小时候面对强权而无法反抗的那种情感。

在横向维度上，我们可以问自己：最近我是否经历着一些压力，我是否在工作中有很多压力无处释放？我是否在和另一半的关系里有许多不满与压抑？有时爸爸妈妈之间的夫妻关系可能也会给亲子关系带来更多的压力，但那都不是孩子造成的。

当我们可以在纵向和横向两个维度，觉察到当下我们的坏情绪背后是什么样的一些需求，我们就可以更好地看到眼前孩子的坏情绪背后也许有些什么，把自己的问题和孩子的问题区分开是突破情绪冲突僵局的重要一步。

最糟糕的一种情况是爸爸妈妈并不具有情绪觉察的能力，认为当下我自己的糟糕情绪都是孩子造成的，那样孩子可能就会莫名其妙地成为父母生活当中的替罪羔羊，替他们承受了很多其他方面的情绪，这对孩子而言是不公平且压力巨大的。

觉察情绪之后，我们可以看到眼前的孩子其实也是非常脆弱的，他并不是故意要伤害我们，让我们有坏情绪，他的行为只是从某种程度上，激活了我们另一些部分的坏情绪。

当爸爸妈妈和孩子一样体验着强烈的坏情绪时，如果还有一点能量的话，可以试着做以下的事情：

就像我们帮助孩子表达自己的情绪一样，能对孩子坦诚表达我们的情绪也是非常重要的，只不过要用建设性而非破坏性的方式。

我们可以告诉孩子："当你这样大哭大闹的时候，我也非常难受，我会觉得你似乎在逼迫我一定要给你买那个玩具，这让我觉得非常不舒服。"虽然这样的叙述并没有给出具体的解决方案，并没有就孩子是否买玩具的过程进行讨论，但是至少向孩子展示了大人能够面对自己情绪的勇气。这里面的潜台词是："如果我能如实面对自己内心的脆弱，我也可以面对你内心的脆弱。"如果使用破坏性的表达方式，如给孩子一巴掌或者大吼大叫，孩子因此而安静下来，那他习得的是对于恐惧与暴力的服从，而不是在负面情绪来临时能继续平等交流。当养育者能用语言表达自己内心的真实体验时，其实也是让孩子看到，原来我是可以通过"表达"来面对自己内心的脆弱体验的。无论是否已经有语言能力，孩子都会从这样的示范当中学到很多。

对爸爸妈妈而言，我们也需要做到的一点是，在有可能的情况下向他人求助。

每一个孩子的照料者都会想尽办法给孩子最好的照顾，因此当我们在照顾孩子的过程中经历各种各样的压力与挫败时，会非常需要一个时空去调整我们自己。在这样的时空当中，如果有其他的照料者（比如爸爸、外公外婆、爷爷奶奶、家里的阿姨等）在场，我们可以让他们照顾一下孩子，而给自己一些时间进行调整。

太多的情绪加在一个人身上是难以消化的，但如果有其他的人可以帮助你去共同面对当下的情绪压力，这会让感受好很多，对孩子而言也是一种示范。就好像当他自己有坏情绪的时候，是可以选择和大人一起去承担那些坏情绪的。

在我们与孩子就具体问题的沟通当中，还需要掌握的一个原则是承认彼此的脆弱，看见彼此的努力。

我们可以承认我们都是有情绪的人，都会有一些时候真的不知道该怎么办。但与此同时，我们也需要让孩子看到："妈妈爸爸在很努力地和你沟通，我们也知道你在很努力地让自己安静下来、平静下来。"这样的承认脆弱、看见努力的过程，能让爸爸妈妈和孩子在那一刻紧密地待在一起。很多时候孩子要的并不是那个最终的结果，而是爸爸妈妈在这个过程当中，对他所展露出的各种各样的态度。每个孩子都会在成长过程中的大大小小的冲突里体验坏情绪，但是这些冲突时刻发生后的心理调节过程以及随之而来的心智化能力则会伴随孩子一辈子。

05/ 从原生家庭中，找到破解坏情绪密码的力量

经常有爸爸妈妈留言说，每当发现自己对孩子发脾气或者看着孩子发脾气的时候，都会不由联想到一些自己小时候的事情。可是隔了这么多年，那些小时候的记忆也许已经变得模糊，也许我们只能从一些支离破碎的叙述中，去慢慢了解当年的自己是怎样被父母所养育的。那么在信息有限的情况下，我们如何与自己的过去产生联结，从而找到更好地处理孩子当下坏情绪的力量呢？

我想许多爸爸妈妈都经历过自己控制不住对孩子发脾气的时刻，可能都会发现，自己在某些时刻变成了曾经最不喜欢的那一个大人，那个看上去面目狰狞、无法耐心说话的大人。尽管我们不一定能够回忆起自己小时候经历了哪些暴力的片段，但这些不愉快的体验、不舒服的感觉可能一直存在于我们的记忆当中。

除了原生家庭带给我们这些记忆的烙印之外，爸爸妈妈当下的压力与疲劳有时也可能导致情绪失控。而我们本节想要谈论的是来自原生家庭的一些密码。

在我们的成长经历中，各种各样的体验无论是否被记得，都会在我们的大脑中留下痕迹。而其中最为深刻的痕迹，往往来自从小到大的一些创伤性体验。

创伤听上去是个很严重的字眼，但其实它是一个非常相对的概

念。有的人经历了巨大的天灾人祸，比如汶川地震，但是他依旧可以走出创伤，活得非常健康；而有的人可能只是经历了在旁人看来并不怎么大的创伤，比如被老师批评了一次，就有可能选择自杀这样极端的方式来应对那一刻内心痛苦的体验。创伤是一个对每个人来说，都很私人化的概念。而我们之所以要去面对这些创伤，正是因为它们会以各种有形或无形的方式改变我们的大脑，改变我们的行为。

很多时候，当我们经历一些非常恐惧的体验，或者具有非常强大情感张力的体验时，我们的大脑会塑造一种新的行为模式，来让我们生存下去，免于遭受危险的侵袭。比如当我们小时候有可能被爸爸妈妈大吼大叫时，大脑教会我们用一种方式来保护自己，那就是逃跑回避；而这样的一种机制，可能会在未来出现相同创伤感觉的时候，一而再，再而三地被重复使用。

当我们成为父母以后，如果孩子对着我们大吼大叫，一种大脑反应机制可能被激活，我们可能会无意识地采用自己以前已经非常习惯的行为方式，去应对孩子的大吼大叫。比如如果对于爸爸妈妈的大吼大叫，我们采取的是回避；那么当孩子坏情绪爆发大吼大叫时，我们可能也会选择走开或者回避当下的情境。

但是，那种应对方式对一个孩子的养育并不是有效的。它也许在很多年前保护了我们自己，让我们自己在作为孩子时免于感到太大的痛苦；但当我们自己成为父母，当我们有力量带领孩子去发展出更多的情绪处理机制时，"逃避"会使养育者损失很多让孩子获得爱与成长的机会。

当然，每个人的大脑应对创伤后所塑造的行为机制可能是截然不同的。比如有的爸爸妈妈选择以牙还牙、以暴制暴的方式，这有可能是他在小时候经受某种创伤性体验时所形成的习惯。我们也许并不能记得，到底是哪一个具体的事件，让我们形成了这样的模式，也有可能是一些小事情日积月累，让我们慢慢学会了将这样的方式作为一种生存策略。可是当我们失去对于这部分生存策略的察觉时，我们可能就难以看到更多的陪伴孩子成长的机会。

那么当我们进行自我觉察，看见自己用一种特定的模式去应对孩子的坏情绪时，怎样和自己的过去产生链接，并且从原生家庭中寻找到力量来处理孩子当下的情绪呢？我会给养育者们这样一些建议。

首先，当我们在处理创伤所带来的应激策略时，第一步是去谈论它，是去面对它。你可以选择和自己的伴侣谈论一下当下的感觉，谈论一些童年回忆，谈论一些往事，以及它们带给你的各种各样的感觉。你也可以试着去看一些电影、小说，从那些文艺作品中寻找到相同的情感，寻找到相同的创伤应对模式。然后去体验在那样的情感暴露当中，你会体验到一些怎样的感觉，你会看到一些怎样的"内心戏"。

与此同时，无论你在多大程度上能够回忆起往事，你都可以告诉自己同一条信息："此时此刻的我，已经不是当年那一个无法选择被谁养育的孩子。此刻我是一个有力量去养育自己孩子的父母。无论当年我的爸爸妈妈对我使用了多么不合适的养育方式，此时此刻我有能力去选择不同的方式养育我自己的孩子。我现在长大了，我有足够的能力可以保护我自己，我也有足够的能力给予我的孩子不一样的童年。"

这样的自我梳理可以帮助我们在孩子坏情绪爆发时保持反思与觉察，帮助我们分清现实与幻想，充分意识到此刻站在孩子面前的并不是当年那个弱小无助的自己，而是此时此刻愿意肩负起下一代身体及心智养育责任的"我"。

当我们意识到这些时，也无须逃离心里那个活在过去的、无所适从的小孩。也许正是因为我们有过去那些敏感脆弱的体验，才可以更好地理解眼前这一个脆弱的、崩溃的孩子真正需要什么。

我们可以问问自己，当我是孩子的时候，当我感觉到如此愤怒和害怕的时候，我希望周围的成年人对我说些什么、做些什么。当你对这样的问题，能够寻找到一个答案时，那也许就是最适合你孩子的答案。

也许育儿专家、心理专家有许多经验之谈，但是经验之谈未必真的适合你的孩子。最适合孩子的情绪调节方式在他爸爸妈妈的心里，养育者能和自己内心的这些部分保持联结，恰恰是孩子在情绪发展道路上稳健前行的根本动力。

★ 情绪小课堂

问题 1：如果父母用"不正确"的方式处理孩子的坏情绪，孩子就会被养坏吗？

严艺家：生活很多时候并不完美，成年人都有自己的局限性。好消息是，当养育者偶尔用并不那么合适的方式对待孩子时，也有可能会带给孩子一些与成长有关的体验。

问题 2：当孩子哭闹时，养育者要 100% 淡定，一定不能对孩子发脾气吗？

严艺家：一个从来没有发过脾气的养育者，对孩子而言有可能是非常不真实的——亲子关系中有爱有恨才是更为真实的亲密。

问题 3：父母可以用自己的权威压制孩子吗？

严艺家：压制有时候会管用，但长期被压制坏情绪的孩子，经常会在青春期出现情绪抑郁或自伤的情形，仿佛那些硬生生被压下去的坏情绪以另一种方式完成了身心表达。

问题 4：当孩子发脾气的时候，如果父母远远逃开，或者有意

无意视而不见，孩子可以自动让坏情绪消失吗？

严艺家：坏情绪的确有可能会在一段时间后自然消解，但孩子从这样的经历中习得的体验是"发脾气的我是不值得被关怀的""大人们只喜欢很乖很听话的我"。这样的心态容易让孩子无意识中形成讨好型人格，无法在照顾自己的真实情绪与平衡外界需求之间找到中间地带。

问题 5：育儿理论都是正确的，不需要操练就可以使用吗？

严艺家：一把刀既可以用于做手术，可以用于切菜做饭，也可以用于与人搏斗——用它的人是谁，以及目的是什么很重要。如果孩子察觉到"知识"是父母用来控制自己的工具，那么也一定会用各种方式还击的。

第四章

带着"温和的好奇"去观察，读懂婴幼儿的情绪秘密

01/婴儿的哭闹，其实是他们的语言

过去13年的心理咨询工作中，我与之工作过的年纪最小的对象是出生3个月的小婴儿。不少人会好奇发问：小婴儿连话都不会讲，居然能做心理咨询？难道你有什么特异功能吗？

其实我并没有魔法去和小婴儿进行沟通，无非是带着"温和的好奇"去观察与感知他们的各种细微表情动作，然后帮助养育者去读懂小婴儿独一无二的非言语信息并给予适当的回应罢了——小婴儿虽然并不会用言语信息来表达自己，但他们非常擅长用一些非言语的方式来让周围人知道自己的情绪反应。

很多时候当一个小婴儿开始哭闹前，他也许已经用很多种方式向养育者们发出过信号去沟通自己的感受了，但由于种种原因❶，当周围人无法协同接收到那些信号时，小婴儿就只能通过哭闹来调节自身情绪与现实关系了。要体验小婴儿在这个过程中的感受，不妨想象一下在亲密关系之中，你向对方发出许多明示或暗示的信号来表达自己的需求，但对方总是忽略或者误读，这种状况发生次数多了，你是不是很容易就会发脾气抗议？小婴儿哭闹前所经历的差

---

❶ 详见第三章。

不多就是这种体验。

让我们一起来看一看，小婴儿会用哪些方式来和爸爸妈妈"说话"。

首先，在本书第二章关于自我调节功能的分享中曾提到，大部分小婴儿出生的时候，都自带自我调节功能——他们会用移开目光的方式来屏蔽掉过多的外界刺激。很多小婴儿目光移开又回来的过程变得频繁，就意味着他在承受越来越大的压力。比如当我们拿一个小玩具去逗婴儿时，他可能会被逗得非常兴奋，"兴奋"对小婴儿来说除了带来欣快感之外，也会导致"压力""过载"的体验产生，很多有经验的养育者都知道，小婴儿在过度兴奋之后的崩溃大哭往往很难安抚。其实留心观察的话就会发现，在彻底崩溃之前，小婴儿可能已经越来越频繁地把目光移开又回来了，仿佛是用那样的方式告诉爸爸妈妈："刺激太多了，我有点受不了了。"

玩耍尚且如此，如果是突然出现的陌生人或者周围紧张的气氛，那对婴儿来说可能会唤起更多压力体验。养育者可以通过观察与识别孩子细微的自我调节方式，来帮助他们在彻底崩溃前就阻断一些刺激，比如在疯玩一段时间后穿插一些安静的共处时间，允许婴儿在面对陌生人时用自己的节奏来慢慢适应人脸，不要因为（误以为）婴儿听不懂大人说话而把他们置于充满紧张与冲突的养育环境，等等。

如果能通过观察婴儿来提前缓冲过度的刺激，就有可能减少婴儿的哭闹。

第二，小婴儿也会用各种肢体语言去表达情绪。

养育者们经常会对早上孩子看到自己第一眼时那种手舞足蹈的样子念念不忘。很多时候，如果小宝贝有坏情绪，他们也会用蹬腿、嘟嘴等方式表达不满。有些妈妈在给孩子喂奶的时候会被孩子咬一下或者拧一下，看起来似乎都是偶发的，但除却长牙之类的生理原因之外，也有可能是孩子在表达内心情感——尤其是当妈妈和孩子正在或即将经历一些"分离"时，比如在妈妈要回去工作，或者妈妈出差几天不在家的情况下，喂奶时被宝宝咬的概率是大幅增加的。养育者可以猜测一下小婴儿试图通过这些身体动作表达什么，并且如本书第二章中所阐述的那样，用"言语化"的方式去和小婴儿对话。

我有位朋友曾在宝宝十个月的时候恢复工作出差了几天，回来后有好几天在睡前哺乳时，宝宝都情绪糟糕，大哭大闹不肯喝奶。那位朋友很内疚，于是询问我要怎么安抚宝宝，我告诉她要不就和宝宝聊聊天吧，和宝宝聊聊那些见不到妈妈的感觉，那些生气与伤心，聊聊妈妈出差时有没有想宝宝之类的。坦白说，给出这些建议的时候我也不知道对这位朋友的宝宝会不会有用，我只知道"与婴儿聊天"的方式在心理咨询工作中是有用的。法国儿童精神分析师多尔托（Catherine Dolto）也曾在她的著作中论证与婴儿聊天的重要性及有效性。第二天朋友向我描述了一个非常神奇的过程：当她半信半疑和宝宝聊了几句后，宝宝先是停止哭闹安静下来了，接着这位10个月的小宝宝抡起一个小拳头，咚咚咚朝妈妈胸口"打"了三下，然后就咕嘟咕嘟喝起奶来了——谁说小婴儿不会"说话"的？！

第三，小婴儿也会通过生活节律的变化来传递情绪。

一些孩子的饮食习惯突然发生变化，比如格外挑食甚至厌食；或者睡眠习惯突然发生变化，比如本来睡午觉，突然不睡了。对这些生活节律的偶发改变并不用太过担心，但如果显著改变超过一周，有时候可能就预示着宝宝有坏情绪了。比如许多宝宝会在更换主要养育者、搬家、生病或手术后出现长期而持久的生活节律变化。不少养育者面对这类状况时会感觉束手无策，并且担心宝宝是不是永远都好不起来了，其实要应对这些坏情绪，除了上面提到的与宝宝聊聊天之外，还有一把关键的钥匙藏在养育者自己心里——我经常会问爸爸妈妈们的问题是："你在生活经历重大变化，茶饭不思时，会希望周围人对你说些什么和做些什么呢？有哪些说法和做法是雪中送炭的，又有哪些说法和做法是在伤口上撒盐呢？"

每个养育者对上述这些问题的回答都折射着他们的过往成长经历❶，但无论有着怎样的童年与价值观，人类成长道路上的共同需

————————

❶ 详见第三章。

求是"安全"——身体及心灵层面的安全感。当小宝宝有坏情绪时，他们会比任何时候都需要安全感，这里既包括身体层面的安全——比如拥抱与抚触，又包括心智层面的安全——比如养育者稳定、柔和的气场与话语；尤其是对还不会走路、说话的小宝宝而言，只要是在养育者能承受的范围内，再怎么宠爱呵护都是不为过的，这些基于爱与安全的心理养分是身心健康发展的基石。而对学步期的孩子而言，身心安全也包括适当的边界，即"当我自己无法停下来的时候，养育者可以让我停下来"，比如当一个孩子把手伸向插座时，或者把食物甩得满地都是时，养育者恰当的管教与回应也会让孩子有健康的安全感❶。

对于成年人来说，婴儿的心智世界始终是带有神秘色彩的，他们不会说话，因此我们无从通过语言描述去知晓他们的脑海中到底有怎样的图景，但通过观察他们的非言语表达，养育者会发现婴儿其实一直在和周围人"对话"，表达他们的喜怒哀乐，哭闹经常是他们用尽了各种沟通方式之后的终极"对话"形态。面对宝宝的哭闹，你读出了他们的哪些"话外音"呢？

---

❶ 详见本章第 3 节。

02/孩子不好好吃饭的背后，也许是在反抗控制

很多宝宝会在八九个月左右开始出现与吃饭有关的坏情绪。比如突然有一天养育者们发现，宝宝在吃饭时会很想用手去抓那些食物，有些时候他们甚至会拒绝大人用勺子来喂饭，或者示意大人自己想要拿勺子。有的小朋友则会出现各种各样的偏食现象。这会让养育者非常担心，担心孩子无法从食物中获取平衡的营养。再大一些的孩子，有时候会用吃饭来要挟家里的成员，要求家里人给他开着电视或者让他一边玩玩具一边吃饭。还有一些孩子到了两岁左右，还需要家里人喂饭吃才可以。这些和孩子吃东西相关的执拗或坏情绪对养育者而言是个巨大的"威胁"："喂哺"是养育者最基本的功能之一，当这个领域出现挫折与困难时，会极大动摇养育者对自身能力的信心，当一个孩子不好好吃饭时，周围的养育者们往往都会显得非常焦虑。

在儿童心理咨询工作中，每当遇到养育者因为进食问题前来求助时，我会问的第一个问题几乎都是"孩子有没有机会尝试自己去吃饭？"在我的观察中，一两岁时出现喂养困难的孩子，几乎都有被强行喂养的状况。所谓强行喂养，并不一定是指孩子不想吃硬喂给他；有些时候当孩子希望自己用餐具独立进食，而家长不同意时，也会造成变相的强行喂养。而在这些情况下，饭桌就会成为战场。

曾获美国前总统奥巴马特别荣誉奖章的儿科医生布雷泽尔顿医生曾说过："当饭桌成为战场，在这场战役当中，孩子永远不会是输的那一个。"❶我们会看到，饭桌上孩子呈现出的很多坏情绪往往是在抵抗养育者的控制欲。当父母对于进食这件事情有许多"应该"与"必须"的时候，孩子就会用消极的方式来对抗父母在这一方面给他带来的压力——消极意味着"不吃"。

其实对于一岁以内的孩子来说，培养对食物的兴趣远比吃进去了多少东西更重要。很多爸爸妈妈会担心，不好好吃各种食物会造成孩子的偏食或营养不良。如果孩子是母乳或者奶粉喂养的，那么在一岁以内大部分辅食所起到的作用，更多是帮助孩子开启一些味觉与咀嚼吞咽体验，去开始接受不同种类的食物，大部分营养的获取源于乳制品，而非来自辅食。如果我们把支持孩子对食物产生天然兴趣的窗口期变成了战场，让孩子对食物产生了敌意，那当孩子对于母乳或奶制品的依赖越来越少时，进食方面的状况才真的有可能威胁到孩子的健康成长。

对一岁以内的孩子，我们可以提供尽可能多种类的食物，前提是孩子并不会对这些食物过敏或者食物不适合咀嚼吞咽。比如我们可以尝试给孩子蒸好的条状胡萝卜，让孩子有机会拿在手里自己

---

❶ 出自 *Discipline ： The Brazelton Way*（中文译本为《给孩子立规矩》，严艺家译）。

吃。孩子对于进食这件事情越有自主权，就越有可能好好吃饭。有时这甚至意味着养育者需要在一定范围内耐受小宝宝会在吃饭时把餐桌弄得乱糟糟的，这些阶段性的"麻烦"却能让孩子在更长远的人生道路上享受与食物的和谐良性关系。

为了帮助宝宝缓解与吃东西有关的各种坏情绪，养育者们可以从这些方面去进行思考和努力。

首先，要尽最大可能把进食的自主权还给孩子。包括但不限于鼓励孩子自行挑选一些餐具。其实即使是一岁左右的孩子，对于餐具的颜色、形状也有自己非常明显的偏好，我们可以带着他们去商店里，让他们挑选自己喜爱的餐具。

第二，让孩子参与准备食物的过程。尤其对于一岁以上的孩子而言，他们的手部精细动作已经允许他们去做一些和准备食物相关的事，这也是在增进孩子对食物的自主权。

第三，避免规定孩子必须要吃完多少，必须要吃得多快。我们可以观察孩子在饭桌上的表现，一旦孩子彻底对桌上的食物失去了兴趣，用各种方式表达要下桌的时候，我们可以允许他结束这一餐的进食。如果孩子胃口确实不好没吃下多少东西，那么在下一餐开始前，要避免给孩子提供额外的零食点心。规律的开饭时间与必要的饥饿感能帮助孩子建立起健康的饮食节律。

有时候孩子在饭桌上的坏情绪也可能提示着孩子正在经历某种

形式的身心压力，比如孩子的主要养育者更换交替，或者孩子刚生完病精神状态欠佳，等等。

但有些时候，孩子与吃饭有关的坏情绪也有可能是他们实现某些突飞猛进式发展的前奏❶。经历过高考的人一定记得，考前压力大时，包括进食在内的许多基本生活习惯都会发生变化，会感觉胃口不好或者对食物格外挑剔，这种叫作"退行"的身心表现是一种暂时的行为习惯上的退化，能帮助不同年龄阶段的人们积攒更多能量去朝前迈进更大一步。有时候不管养育者如何调整，宝宝就是在某个阶段不怎么爱吃东西，但这样的状况持续一两周之后，某天养育者突然发现孩子掌握了一种新的技能（也许是突然学会走路了，也许是突然爆发出好些字词），而当孩子掌握了新技能的时候，前一个阶段在进食问题上的困难似乎也消失了，这说明孩子与养育者共同经历了一个成长道路上的"触点"——一次以退为进的成长飞跃。

归根到底，吃饭是孩子自己的事情。避免与吃饭有关的坏情绪，养育者们需要学会放手。

---

❶ 详见第二章第 2 节。

03/六个方面提前预备，与学步期的各种坏情绪和平相处

为什么当一个孩子开始学爬学走的时候，经常会变得不可思议的执拗？许多育儿类书籍会提到"可怕的两岁"这个概念来形容学步期孩子的各种坏情绪状态，比如周围人说东，孩子偏要往西；或者一会儿乖巧如小天使，一会儿破坏力惊人如小恶魔。其实学会走路本身意味着孩子又拥有了一项生而为人的重要功能，对孩子的身心发展都是意义巨大的变化。要了解学走路背后的坏情绪，就要先试着想象一下这个过程对一个孩子而言意味着什么。

对我们大人来说，走路是再平常不过的动作。但是每个养育者都会体验到孩子学走路是一个漫长的整合过程。可以说每个孩子从出生的那一刻开始，他的每个肢体动作都是在为日后学会走路做准备。当孩子经历了漫长的八九个月的时间，开始慢慢进入学步期，他不会放过任何一个让他学会走路的机会，因为他是如此渴望地成为一个大人，全世界真的没有什么可以打消一个孩子想要学会走路的愿望——这也就是为什么当孩子想要走去一个地方但我们阻挠他时，他也许就会大哭大闹、尖叫起来。

有时当孩子走来走去很开心，而我们一把抱走他，或者叫住他让他去洗澡时，宝宝会极力表达抗议。甚至在夜间，孩子从睡梦中醒来，有些时候也会执拗地在自己的小床里扶着围栏走来走去，让

养育者们哭笑不得。

要和孩子学步期的各种坏情绪和平相处，养育者们可以尝试着从以下六个方面去进行一些思考与改变。

第一，养育者需要看到，孩子在这个阶段需要一些帮助才能接受"变化"。 很多时候当我们想让孩子进行场景切换时，他需要我们的帮助来完成"过渡与切换"。比如当他在孜孜不倦尝试走路而吃饭时间到了的时候，相比于不打招呼就把孩子抱上餐椅，养育者可以通过语言或者类似于沙漏之类的道具来让孩子感知时间的概念，并接受在不同的时间去切换到下一个场景。有时在这样的切换场景过程中，孩子也许会通过"留存"某件喜欢的玩具来相对平稳地进入下一项活动。比如如果孩子有一把自己特别喜欢的小水枪，我们可以在打断孩子上一项活动时鼓励孩子带着小水枪去洗澡，能够"留存"一些东西，将其带入新的场景中，对这个年龄段的孩子而言是一种有效的过渡策略。

第二，养育者需要有心理准备的是，无论有多么高超的技巧去吸引孩子的注意力，学步期的执拗本身经常是不可避免的， 陪伴孩子经历这些情绪风暴本身也是一种重要的成长经验。

在孩子因为一些需求无法得到满足而感觉沮丧的时候，养育者可以站在孩子的立场上想一想："如果此刻我自己感觉失控而沮丧，周围人做些或者说些什么会让我感觉好一些呢？"有时在孩子情感激烈起伏的时刻，养育者做得或说得越多，孩子可能就越会因为信息过载而烦躁；但如果什么都不做，对孩子而言也会唤起没有回应的绝望感，养育者也很难在这些时刻"云淡风轻"，尤其是在公共场合或者和亲友聚餐的时候，孩子如果爆发情绪，对养育者而言经常会是尴尬甚至羞耻的体验。

度过这些时刻需要创造出涵容坏情绪的空间。我们可以把孩子带到一个相对安静的地方，让孩子哭一会儿，"过滤"掉一些过多的听觉、视觉、嗅觉刺激（想象一下，即使是成年人在嘈杂的环境中也会感觉焦躁），在孩子愿意的前提下可以试着抱抱孩子。

对养育者来说，也许需要放下一些不切实际的期待，比如一个一两岁的孩子并没有足够成熟的自我调节能力来从哭闹中迅速安静下来。孩子的坏情绪也并不是对养育者能力的否定或贬低，经历坏情绪是每个孩子成长过程中的必经之路且不可或缺，当养育者可以带着更加平和的心态经历孩子的哭闹时，自己容纳孩子坏情绪的心理空间也会相应大一些❶。

第三，养育者需要看到的是，围绕着学步而产生的强烈情绪会不分昼夜地出现，表面看起来会让孩子在各个方面出现行为上的倒退，比如有些孩子会在学步期没心思吃饭，有些孩子则会夜醒变多，这些变化并不代表孩子"变坏了"，而是当一件如学步般重要

---

❶ 详见第三章第 5 节。

的事情占据他们的心理空间时，相对来说，别的行为情感表现就会退回到较原始的阶段，当孩子真正学会走路的时候，倒退的情感行为表现又会回归常态，甚至朝前发展。从睡眠科学的角度而言，学步期孩子的夜间深睡眠会变少，浅睡眠增多，部分是因为他们需要通过浅睡眠阶段去复习与整合许多白天所吸收的信息，一些孩子在这个阶段夜醒时甚至会迷迷糊糊地继续绕着小床练习走路——还真是挺辛苦的呢！

第四，养育者需要看到的是，尤其对于学步期的孩子来说，绝对的满足与宠爱并不是安全感的全部来源。对这个阶段的孩子来说，当他们无法控制自己的时候，如果养育者能给予坚定的边界，清晰说"不"，也会带来安全感。我有些时候会给爸爸妈妈举例子：当你身处广袤无垠的太空中时，其实你会感觉非常不安全。尽管它看上去空间很大，无边无际，似乎很自由。但是每当我们看那些宇航片的时候，只有当太空人重新回到太空舱，作为观众才会感觉松一口气——太空舱就如同心理世界中的"边界"。除了在必要时说"不"之外，建立边界也包括给予孩子稳定的规律感和可预测感，比如每天的睡前仪式是相对固定的，周末会有雷打不动的家庭活动等，孩子感觉自己能够知道接下来会发生什么，这也是一种重要的安全感。缺乏边界感与可预测感的孩子是生活在不确定中的，长期的不确定性会使他们更加焦躁不安。

第五，面对学步期的孩子，养育者也可以去思考与体验管教中

的"节制"：把"不"留给真正重要的事情。

每当孩子的坏情绪出现时，如果养育者像救火队员一样立马想把它们扑灭，那么孩子就会缺乏体会如何自我调节情绪的经验。如果一个孩子对于情绪的调节都需要依赖父母帮他转移注意力或者获得满足来实现的话，他们就没有机会去探索与内化自我安抚情绪的方式。比如当有的孩子走路时摔倒在地上，他可能因为挫败沮丧而大哭起来。我们有些时候可以一把把他抱起安抚一下，有些时候也可以尝试放手，告诉孩子："来，妈妈知道你可能有点摔疼了，但要不要自己试着站起来再走一走呀？"如果孩子的确能够自己度过这个挫折时刻的话，他也会从中获得很多成就感。一个孩子的健康自信与自尊既来源于养育者的爱与关怀，也来源于自我调节功能的发达程度——"我有能力应对困难与挑战吗？"

有一些养育者会对孩子的很多生活细节说"不"，比如鞋子排得是否整齐，吃饭是否能吃干净，对一个学步期孩子来说，有许多"不"其实是无关紧要甚至是做不到的，但当养育者说太多"不"时，"不"的价值在孩子心里就降低了。一个孩子越是能得到许多满足与自由，他们就越是能够在养育者真的说"不"的时候把"不"当回事。

第六，无论在孩子的哪个生命阶段，养育者都需要帮助他去发展多种多样的安抚方式。

对于学步期的孩子来说，他们可能依旧需要通过吮吸拇指、抱自己喜欢的小玩具，或者来自养育者的拥抱来让自己安定下来。我们可以进行这方面的探索，并且试着用语言向孩子陈述他们的内心体验。即使孩子们还没有语言能力去进行清晰的情感表达，养育者的言语反馈就是极好的范例，让孩子体验与学习语言表达本身的力量❶。

在孩子平静下来时可以指出他具备自我调节情绪的能力，这是令人为他骄傲的（无论这是因为养育者的努力还是孩子的努力）。这样的鼓励会让孩子看到自己的能量所在，从而在应对自身坏情绪的道路上走得越来越坚实，就像学会走路一样。

---

❶ 参见第二章第 5 节。

04/如厕难？尿床？核心问题在于"我的身体谁说了算？"

脱去尿布，学会在厕所自主如厕，看似成长道路上的一件小事儿，但对孩子来说其实是件大事儿。无论是在学习如厕的阶段，还是在学会如厕以后，孩子都有可能会经历一些与如厕有关的坏情绪。

与如厕有关的坏情绪经常是与挫败感联系在一起的。比如当孩子感觉自己没能满足父母的期待，在马桶里完成排泄时，或者当他发现自己还是需要尿布，晚上会尿床时，都可能会感觉到包括沮丧、羞耻在内的坏情绪，而这些坏情绪背后的核心议题就是"我的身体谁说了算"。其实养育者可以尝试做不少事情，来把与如厕有关的那些坏情绪转化为孩子的成长契机。

首先，大多数与如厕有关的坏情绪，都与孩子并未准备好脱去尿布有关。早在2013年我就在上海开始进行如厕训练与心理发展的科普：大部分的孩子需要到两岁半左右才做好准备脱去尿布，这比我们文化传统中默认能脱去尿布的时间晚很多。

可能有些养育者会好奇：为什么是两岁半左右呢？其实孩子进行如厕训练前需要集齐七大信号，这七大信号是需要同时满足，而不仅仅是满足一条，它们分别是：

第一，孩子对走路和用脚已经没有像之前那么兴奋。学会如厕需要孩子能够在马桶上待一段时间，当一个学步期的孩子总是兴奋地走来走去时，他是没有能力待在一个地方很久的。

第二，孩子已经掌握了一些接收性的语言。接收性语言是指孩子能理解周围人言语的意图，而对一个心智上准备好接受如厕训练的孩子而言，需要至少能执行养育者言语中的两三个连续指令。比如可以对孩子说："请你把这双鞋拿进房间，然后再帮我拿一双拖鞋出来。"如果孩子可以非常顺利地执行，那说明他在掌握接收性语言方面已经基本入门了，这使孩子在如厕的过程中能够听懂父母的一些指令，比如："脱下裤子，坐到马桶上。"

第三，孩子需要已经有能力说"不"。之所以需要强调这一点，是因为如厕在有些时候并不是孩子自己的需求，如果孩子没有能力说"不"的话，他就只能非常被动地被父母牵制。而在这种情况下，即使如厕训练取得了进展，孩子还是会出现坏情绪，因为那会让孩子感觉"我的身体并不是自己说了算"，他们可能会以尿床、拒绝使用马桶之类的方式来抗议并未准备好的如厕训练。

第四，孩子需要开始有归位的习惯，比如玩好东西知道要放回某个地方，明白有些东西专属于房间的某个角落。有归位的意识，意味着孩子会意识到自己的排泄物是归于马桶的。

第五，孩子开始有一些模仿的行为，尤其是模仿养育者的行为。如厕是向成年世界的认同，是孩子人生第一次开始学习社会规则，而学习社会规则的前提，是他发自内心愿意去模仿成年世界的一部分。

第六，孩子需要有相对规律的大小便时间。比如有些养育者观察到孩子在早上和晚上各会有一次大便；在喝完很多水之后，在两个小时左右有一次小便。这样相对规律的大小便时间有助于大人提醒孩子上厕所，提高如厕训练的成功率与自我效能感。

第七，孩子需要对自己的身体有所意识，能够意识到"我的身体在排泄，是大便还是小便"。如厕训练的本质是帮助孩子发展出能适应社会的自我调节功能来控制身体在合适的时机排泄，做到这一点的前提是对自身身体功能的充分觉知。

如果孩子同时呈现出这七种特征的话，说明他已经准备好去进行如厕训练了。而有经验的养育者们会意识到，要集齐这七大信号可不是那么容易，一般都要到孩子两岁半左右。

但即使集齐了七大信号，也未必意味着如厕训练一定会取得成功。有些孩子会用另一些方式告诉爸爸妈妈：我其实还没有准备好。比如有的孩子会站在便盆旁，排泄在地上；有的孩子会在爸爸妈妈换尿布的时候喊叫反抗；有的会在尿布被脱掉以后，依旧把大便排泄在地上；有的在尿布里大便之后依旧到处走，会一屁股坐在已经脏了的尿布里，脸上非但没有不舒服，反而看上去很高兴；有的在大便时会躲去角落或者柜子里发出用力的声音；还有一些小朋友，在大人问他是否需要上厕所时，会接连说"没有"；或者一些孩子在任何情况下都是抗拒使用马桶或厕所的。当孩子出现这些信号的时候，都是在清晰地告诉养育者：请别急着给我进行如厕训练。如果养育者没有接收到这些信号的话，孩子的坏情绪可能很快就会爆发，呈现出愤怒的状态。

排泄就和吃饭一样是一个人基本的权利。如果孩子感觉养育者在这方面干涉过多，他可能会以各种各样的方式反抗养育者，告诉养育者"这是我自己的事情"。在应对相关的坏情绪时，养育者需要首先向孩子道歉，表示不应过度干涉他在这件事情上的自由，并且告诉他等他准备好的时候，我们可以重新进行这个过程。

当孩子的如厕训练出现波折时，很多养育者会担心：如果自己对孩子过于放纵，是否会导致他这辈子都没有办法摆脱尿布？我所观察到的是，当养育者们能够把如厕的自主权完全交给孩子时，几乎不需要怎么训练，孩子就可以在两岁半到三岁左右经历一个自然脱去尿布的过程。而在这个过程当中，孩子很少会出现坏情绪。

即使当孩子学会如厕之后，他依旧可能会在一些情况下出现反复。比如在外界压力下（比如家中添丁、外出旅行等），孩子可能会通过尿床这样的退行来使自己像个小宝宝似的，以获得更多能量去面对外界压力。当养育者发现孩子尿床的时候，需要避免把尿床的事情和任何人进行讨论，除非得到了孩子的允许；更不要因为尿床而去惩罚孩子或者羞辱诋毁他。在任何情况下，都需要避免公开讨论孩子尿床的事情。我们要牢牢记住的是，如厕是一件非常隐私的事情，如果孩子的隐私不能得到尊重，他可能会非常生气。

当孩子在如厕方面出现一些反复时，可以告诉孩子这都是暂时的，任何时候只要他有需要，都可以重新穿回尿布。而当他准备好的时候，也可以随时脱去尿布，这些都是非常自由的事情。

在欧美的一些超市当中，会发现那里的一些尿布是给五六岁孩子使用的。在他们的文化预期中能够接受孩子晚一些全然摆脱尿布。相比较而言，在我们的文化里会认为尿布脱得越早，孩子就越是懂事聪慧的。也许需要保持对这些不同文化预期的观察与思考，同时结合自家孩子的发展特点去寻找到无压力的如厕训练之道，这样才能消解孩子与如厕有关的种种坏情绪。

05/ 见到陌生人，千万别强迫孩子问好

　　不少小婴儿到了三四个月大的时候，哪怕看到陌生人也总是笑嘻嘻的，养育者们会很高兴，感觉自己生养了一个情商很高的宝宝。但等到宝宝长到六个月左右的时候，突然就开始对陌生人流露出非常警觉的情绪，甚至会在第一次见到陌生人时无来由地大哭。

　　一些养育者可能会非常担心自己是不是在养育孩子的过程中有什么做错了，以至于损害了孩子的安全感，因而看到陌生人抗拒排斥。其实陌生人焦虑是每个孩子在成长过程中必经的，因为那说明宝宝大脑中那个叫杏仁核的部位开始生长了。

　　杏仁核究竟是一个怎样的部位呢？

　　这要从远古时代说起。当人类生存在一个危机四伏的世界时，大脑逐渐发展出一种叫作"恐惧"的情感功能，这种情感功能就是由大脑中的杏仁核部位发起的。想象一下，如果人类没有杏仁核，可能就没办法有意识地远离危险，比如火、水、天敌等等。

　　而在现代社会中，杏仁核会警示我们对一些陌生的东西保持警惕，这是非常有必要的。因为我们几乎难以想象一个孩子如果什么都不害怕，那会是一种怎样的状态，周围人会担心孩子是否能远离潜在的危险。有句俗语是"无知者无畏"。某种程度上当孩子开始害怕一些东西的时候，也意味着他的认知能力有了新的发展——他

开始知道有的东西对自己可能是有威胁的，而有的东西是可以放心接近的。

因此，一个小婴儿开始有与陌生人有关的坏情绪，恰恰说明他开始变聪明了。对陌生人的焦虑甚至恐惧不仅是小婴儿大脑发育的标志，也是小婴儿和周围照料者关系的风向标。我曾在工作中遇到过从小在暴力环境中长大的两三岁孩子，他们似乎并不会在遇到陌生人时怀有警惕之心，而是会用近乎讨好的姿态跟所有陌生人建立起顺从的关系。这样的孩子从心理发展的角度来看反而是令人担心的，我会思考：对这个孩子来说，世界上有没有一个或多个最令他信赖的人？他在遇到压力情境时，是否有能力说"不"和保护自己？

接触陌生人时的状态和每个孩子的先天气质也有一定的关联。有些孩子天性比较敏感，喜欢用观察的方式进行学习。我们会观察到一些孩子在去早教幼托，甚至进入幼儿园、小学的时候，会相对慢热一些。他们可能更愿意站在旁边观察一会儿，并不马上参与到各种活动中。

养育者见到这样的情形也许会感觉非常焦虑，甚至硬逼着孩子一定要参与进去，孩子可能相应地会非常烦躁，甚至大哭起来——孩子的人际互动节奏被干涉与打破了，这些泪水背后往往是一些不知所措的感觉。虽然一些孩子在当下未必会参与到陌生环境中去和陌生人进行互动，但有时养育者会在事后发现，孩子可以非常精准地描述或反馈出当下所经历的人和事。比如孩子可能会告诉你，今天遇到的阿姨戴了一副红色的眼镜，今天的歌是怎么唱的，那段舞是怎么跳的。表面看孩子并没有参与互动，但他们是在用大人们意想不到的方式进行吸收与学习，基于先天气质、后天养育与社会文化，每个孩子都会形成独一无二的人际互动方式与节奏。

虽说陌生人焦虑的存在合理且必要，但当对于新人、新环境的焦虑唤起了孩子难以消化的坏情绪进而影响发展时，养育者们也可以通过一些方式去支持和帮助孩子应对那些刺激与压力。

无论养育者有多么高明的招数可以用来缓解孩子与陌生人有关的坏情绪，接纳每个孩子的差异性是第一位的。当孩子经历各种坏情绪时，来自养育者的理解与接纳本身能在很大程度上缓解焦虑感。如果逼迫孩子一定要以养育者觉得理想的方式去接触陌生人或环境，孩子就会变得更加焦虑，会担心"如果我不这样做的话，爸爸妈妈可能会不喜欢我"。在双重焦虑之下，孩子的情绪可能会变得越发糟糕。

在一个新环境中，我们可以带着温和的好奇去帮助孩子描述周围正在发生什么。无论孩子是否已经具有语言能力，这种用语言描述周围所发生事物的过程，对他而言就是感觉"大人能感知到我所感知到的世界"的过程。这些语言本身也是一种极好的示范，让孩子有动力用更丰富的方式去表达内心情感。而一个擅长用语言进行表达的孩子，本身就有了一块应对坏情绪的缓冲垫，让他在经历压力时可以避免做出一些并不合适的行为❶。

养育者在新环境下的情绪反应，也会对孩子当下的情绪体验产生影响。有时候因为过度担心孩子对于陌生人或陌生环境的坏情绪，养育者自己会提前变得焦虑。比如当带着孩子进入一个陌生环境时，养育者内心可能会想"今天宝宝会不会又不给好脸色看？宝宝会不会又被看成是不大方、没礼貌的孩子？"养育者忐忑的心情会以潜移默化的形式让孩子在压力中雪上加霜。

有个著名的心理学实验叫视崖实验：婴儿在一个平面上爬行，直到前面出现了一个悬崖，而悬崖上其实盖着一块透明的玻璃板，孩子是可以非常安全地爬过去的，实验人员让孩子的妈妈站在玻璃板的另一头。当妈妈露出非常高兴、轻松、鼓励的神情时，孩子会大胆顺利地爬过去；而当妈妈流露出害怕、排斥、担心的表情时，孩子就会停止朝前爬的探索。带着孩子进入新环境时，每个养育者就像是视崖实验中站在玻璃板那头的妈妈，其各种情感反应会让孩子做出截然不同的决定。

养育者也可以对孩子做一些示范。比如当孩子不愿意向陌生人打招呼的时候，其实无须去强迫孩子，但可以代替孩子说"叔叔好""这位是某某某阿姨，我们来说阿姨好"。这样的方式既不会失

---

❶ 详见第二章第 5 节。

了礼数，当孩子看到养育者的示范时，也会把这些互动方式都留在脑海里，直到未来准备好的时候会以他自己的方式重新表达出来。

　　循序渐进也经常是有效的。比如当一个孩子经过一个游乐场，犹豫是不是要进去玩的时候，养育者可以询问孩子是否需要大人陪着进去看一看。可以在陪伴的过程中向孩子描述周围在发生什么，观察和鼓励孩子在可承受的压力范围里去做一些新的尝试。养育者可以循序渐进地把空间和时间留给孩子去进行探索。

　　在和一些低龄孩子开展儿童心理咨询工作时，他们有时候对于和我这样一个陌生人共处一室非常不安，在这些时候我会允许他们用自己的节奏来适应新环境，包括如果孩子对于关门非常紧张的话，我会询问他们是否要把门虚掩着，也可以由他们决定将门缝开多大。随着孩子逐渐放松下来，我也会慢慢把门关上。当孩子感受到我作为大人对他们人际互动节奏的尊重时，会感觉更放松与安全。我也不会在第一时间太过主动地邀请孩子互动，而是会观察他们的行为举止，更多让他们发挥主动权来接近我或者发起玩耍，而不是要求他们以某种形式与我建立关系。如果我作为一个成年人在场域中的状态是放松平和的，那些孩子往往会很快开始以各种形式与我互动。也许破解与陌生人有关的坏情绪，真正的秘密就是"尊重"二字。

06/公共场合大哭大闹，七步帮助孩子恢复平静

宝贝在公共场所大哭大闹怎么办？大部分养育者都经历过这样令人尴尬与心急火燎的时段。孩子可能在超市收银台前突然大哭起来，撒泼打滚，不肯离开，或者当自己的一些愿望不能得到满足时，不分场合就那么大哭了起来。不了解的人以为孩子没有被好好对待，或者会苛责养育者"怎么不能管管"，但大人们有时会感觉用尽了各种办法，孩子也还是在大声哭闹，甚至有时使用的处理方法会火上浇油加剧孩子的哭闹，陷入恶性循环当中。

很少有父母能稳定而平静地面对孩子在公共场合的坏情绪，不过还是有一些办法可以支持孩子通过自我调节和共同调节来逐渐恢复平静。

第一步是帮助孩子屏蔽当下过多的刺激。

本书第二章中曾提到，自我调节功能对孩子调节坏情绪而言至关重要，自我调节功能的发展需要好多年，循序渐进，年幼的孩子需要周围人的帮助才能发展出健康的自我调节功能。比如当孩子在公共场合经历坏情绪时，屏蔽周围过多的刺激是非常有帮助的一种方式，包括把孩子带去一个比较安静的地方，帮助他过滤掉过多听觉、视觉、嗅觉、触觉等方面的信息，这些安静的地方可能是商场超市的一个角落或门口的花园，也许是饭店的一个没人的小包房，

或者是安静干净的消防通道等。很多养育者自己也有切身的体会：当我们情绪烦躁时，身处人很多、声音很嘈杂的地方，无助于我们平复自己的坏情绪。孩子也是如此。

第二步是让孩子知道"大人能感知到我在经历什么"。

尤其对于还不怎么会说话的小孩子来说，公共场合的哭闹令他们自己也感觉难以忍受，就算想停下来也不知道怎么办，经常不知道自己到底为什么会如此不高兴。这些时候，如果他们能知道"我的难受大人是知道的"，就会安定一些。为了让孩子了解我们对他坏情绪的感知，大人既可以通过一些非言语的方式，比如给孩子一个拥抱，或者帮孩子擦去眼泪之类的动作来表达对孩子的关爱，也可以通过一些言语化的方式来帮助孩子消解那一刻的坏情绪，其中对情绪命名对不少孩子来说是有用的。

命名情绪帮助孩子在经历坏情绪时建构起对糟糕情绪本身的认知，知道原来心里那一团非常难受的感觉叫生气，也可能是悲伤，抑或是害怕，或者是委屈。当父母能描述出这些情感时，孩子会感觉自己并非独自在经历这些坏情绪。当他们年纪稍大一些，有更好的语言表达能力去表达情感时，他们也会开始慢慢尝试用语言表达去替代大哭大闹。

想象一下，当成年人自己经历各种各样的坏情绪时，需要的一般并不是一个现成而具体的解决方案，而是有人对你说："你看上去很难过，我可以为你做些什么吗？"即使是这样的一种"看见"，对于我们经历坏情绪的当下都是非常具有支持性的。

一些养育者可能会问："怎么知道孩子那一刻到底是在经历怎样的一种感觉呢？"这的确是一个和养育者自身情绪觉察功能有关的问题。面对孩子在公共场所的坏情绪时，养育者们自己也会有各种各样的感觉：可能是觉得很愤怒——孩子怎么会那么不给我面子？有些时候会觉得很尴尬——那么多人都看着呢！有些时候会觉得很失落——孩子是不是跟我不亲，怎么我说什么都没用？甚至有些时候也会觉得很内疚——我是不是在养育上做错了什么？

我们经常说母子连心、母女连心，而这种感觉就是，当孩子经历坏情绪时，父母心里那种非常强烈的感受，也往往是孩子正在经历的，这种心理机制叫作"投射性认同"❶，经常发生在两个很亲密的人之间。

如果你感受到了愤怒，也许这说明孩子当下也很愤怒，觉得"爸爸妈妈为什么不来满足我？"如果你感受到了尴尬，也许这说明孩子当下也很尴尬，觉得"为什么我不能在那么多人面前控制住自己？"如果你感受到了失落，也许这说明孩子当下也很失落，觉得大人们都对弟弟妹妹比对自己好。如果你感受到了内疚，也许这说明孩子当下也很内疚，尽管知道爸爸妈妈已经努力了，但总觉得

---

❶ 详见第二章第 3 节。

自己还不够好。

如果当孩子听到，我们"看见"了他们的情绪时，经常瞬间就平静一些，有的是哭声会变小一些，有的是会主动抱抱大人，有的会说自己的确很难过，这样一个被看见的过程对孩子来说真的很重要。

第三步是给予孩子信心。

在孩子哭闹时可以试着告诉孩子："我知道你已经非常努力想让自己安静下来，有时候我们的确没法很快停下来，但等你长大些会感觉好一点的。"这样的一句表达看似并不会马上让孩子安静下来，可是他会从中感知到来自成年人的支持、接纳与希望。这样的一种情感支持能帮助孩子动用健康的自我调节功能，试着去平复自己的坏情绪。

第四步是尊重孩子在经历坏情绪时的身体需求与边界。

一些家长会问我，孩子哭闹的时候到底是要抱抱孩子还是让孩子自己哭一会儿再去安慰。一些养育者会从育儿书中看到"隔离冷静法"之类的操作，但经常发现这样的方法对孩子未必管用，而从心理健康的角度出发，我也不赞成养育者在孩子有坏情绪时刻意冷落他们。

其实每个孩子在经历坏情绪时会有截然不同的身体需求与边界。有的孩子非常需要在有坏情绪的时候被养育者抱一抱，而有的孩子则完全拒绝和养育者在那一刻进行身体的触碰，仿佛身体上的触感会令他们压力更大。观察与尊重孩子在那一刻的需求是重要的：无论是需要抱一抱，还是需要自己待一会儿，这都是孩子为调节自己的坏情绪而表达的需求。当养育者心怀善意与温暖，而非控制与惩罚，去帮助、安慰一个孩子时，孩子也会更加平静地接受来自养育者的帮助。反之则不管养育者嘴上说得再怎么好听，孩子也不会配合去调节自己的坏情绪的，即使真的安静下来，也经常是出于对养育者的恐惧，而不是让自己的情绪调节功能又得到了一次积极的操练机会。

第五步是耐心等待。

曾有研究者发现，一个两岁左右、语言能力还不发达的孩子，在养育者提供的支持足够理想的情况下，也经常会需要20 ~ 40分钟才可以从非常激烈的哭闹状态中慢慢安静下来。面对孩子的哭闹，这样的等待时间其实会让人感觉非常漫长而焦虑。当然，如果一个孩子能够长期得到父母比较好的情感回应与支持，发展出更为熟练、多元的自我调节方式，40分钟会慢慢变成20分钟、10分钟、5分钟。在我自己的观察中，孩子到了五六岁时，如果情感及语言功能发展得不错，绝大多数都可以在10分钟之内调节和平复强烈的坏情绪——但这是需要时间的，并且有时候因为外界压力的变化，即使年纪较大的孩子也可能会和小宝宝一样哭闹很长一段时间，这都是正常的，孩子并不是严丝合密的机器。

一些养育者会用转移注意力的方法来缩短孩子的哭闹时间，让孩子迅速安静下来，这在短期内的确经常是有效的，但也意味着，孩子必须依赖外界的人提供转移注意力的选项才能平静下来，而他并没有发展出自身的调节功能。养育者可以适度使用转移注意力的方法来安抚孩子的坏情绪，但也要有意识地抓住一些合适的契机帮助孩子发展各种形式的自我调节功能。

第六步是和孩子再次联结。

当孩子能够依靠自我调节功能安静下来的时候，养育者可以通过拥抱或别的表达方式来给予孩子认可。当孩子感觉自己的努力能被养育者看见并认可的时候，就会有更多动力在以后产生坏情绪的时候尝试使用自我调节功能（比如用语言表达那些让人难受的情感）来让自己平静下来。同时，即使宝宝自身的调节功能需要时间慢慢发展，养育者也能把自己的情绪调节功能"借"给孩子，发展共同调节机制。想象一下当我们很焦躁的时候，如果周围恰好有一个平和温柔的人，我们是不是也会瞬间感觉好一些？这就是人际关系中的共同调节。

最后一步是回顾与展望。

在大家心情都比较放松的时刻，比如一天结束的时候，养育者可以陪着孩子去回顾：白天在情绪崩溃的过程中到底发生了什么？那一刻孩子做了哪些努力来让自己感觉好一些？爸爸妈妈也可以和语言能力比较强的大孩子讨论：如果下一次出现这种情况的话，你希望爸爸妈妈能够怎样帮你？这句话的潜台词是"你已经慢慢长大了，你有能力为自己的情绪负责，而我们是在这里帮助和支持你的"。孩子最终会在爱与关怀的支持下发展出健康的情绪自我调节功能。

能够活学活用这七步法的养育者会逐渐发现，宝贝在公共场所大哭大闹的情况会越来越少，并且会在此基础上发展出更成熟的语言功能。

07/孩子病了难伺候，其实是因为失控感

稍有经验的养育者都知道，孩子与生病有关的坏情绪其实是很明显的，无论是生病前的烦躁期，还是病中的难受，或是病愈后让人感觉难伺候的一段时间，除了观察和照护孩子在这个过程中的生理健康状况之外，心理健康状况似乎也令人感觉棘手。

孩子生病有时候会激发父母的内疚与匮乏感，仿佛是因为自己照顾不周才导致孩子生病，或者感觉自己的孩子体质不如人，等等。其实在每个孩子的成长过程中，有些小毛病是非常自然的，虽然没有人喜欢生病，但生病的过程有时的确能帮助孩子的机体升级免疫力，并且在心理层面上体验被保护、被照顾、被关心的感觉。想想你自己小时候围绕着生病有哪些原初的记忆呢？

照顾一个生病的孩子对养育者来说也是辛苦的过程，一边要焦虑于病症本身，一边要付出大量实际的劳动与时间；如果孩子在这个过程中不可避免出现坏情绪，经常会令养育者感觉难以承受，甚至感觉孩子故意在"作"。也许在思考怎么做之前，可以先用两分钟时间来设身处地想想生病的过程对一个孩子而言究竟意味着什么。

首先，与生病有关的不少坏情绪与身体层面的失控感有关。生病时无论能得到多么好的治疗，身体的不舒适或疼痛是难免的，无

论大人还是孩子都会在这个过程中体验到"我的身体不由自己说了算"的失控感。生完病之后有一段时间胃口不好、精神不佳，都是很正常的事情。如果在那样的一些阶段，我们为了孩子的营养好，硬逼他吃下一大堆根本吃不下的东西，孩子可能就会继续体验那种"我的身体不由自己说了算"的无奈或愤怒。

　　其次，在另一些情况下，生病对一些孩子来说会唤起"被惩罚"的体验——有的孩子会认为生病是因为自己不乖而受到的惩罚。这样的心态往往和周围养育者们的一些习惯性表达有关。比如有的大人会说"谁叫你昨天没有穿那件衣服的"，或者"你再怎样怎样就要生病了"，当养育者们这样说的时候，本意是在保护或心疼孩子，可在孩子听来，如果哪天生病了，那一定是自己做得不对或不好导致的，会感到内疚。

　　事实上，生病这件事是有很大随机性的，比如有些人在冬天穿短袖一点事儿都没有，有的人即使很注意保暖也会感冒。养育者的不当表达，更像是在提供某种心理暗示：如果你不乖，你就会生病。这种预设情境会令孩子感到压力很大。

　　第三，孩子围绕生病而起的坏情绪中经常包含各种各样的害怕和担心，比如害怕吃药、打针甚至是死亡。这些生理层面对不确定感的焦虑是自然且能够被理解的。如果一个孩子需要经历打针、抽血，那么养育者用真诚的方式提前告知孩子这个过程会发生什么，何时会感到疼痛，感到疼时孩子能做些什么，周围人会做些什么，这些信息都能让孩子感到安心一点。

在另一些情况下，孩子可能在生病的时候因为所有人都围着自己转，而产生内疚的感觉。如果在家养病很多天，孩子可能会觉得有点无聊。在这些心态的驱使下，孩子也可能会呈现出各种各样的坏情绪。

更少见的一种情况是，有的孩子会通过生病来获得养育者更多的关注。在一些平日缺乏照料关心的家庭中，孩子会意识到但凡自己有个头痛脑热，就能得到想要的关心。有的孩子甚至会通过"诈病"的形式，来让周围人看见自己。这种"诈病"在心理学上的术语是"心身症状"，那些疼痛与不适是真实存在而非虚构出来的，比如不明原因的头疼、胃疼甚至情境型发烧都有可能和孩子的精神压力有关。

在面对孩子因生病而起的坏情绪时，养育者们究竟应该做些什么呢？

无论面对孩子的哪种坏情绪，我们始终强调反馈孩子当下感受的重要性。比如你可以问孩子："你是不是觉得这里很疼？""你是不是觉得头很胀？""是不是这里不太舒服？"当养育者能够把孩子的这些不舒服逐一在身体上标记反馈出来时，孩子至少会有一种确定的安全感，会知道"我的不舒服是能被周围人看见的"。

对两岁以上的孩子，也可以用简单的语言和孩子分析讨论生病的原因，避免让孩子感觉生病是对自己的惩罚，比如我们可以告诉孩子："每年冬天都有很多小朋友容易生病，过几天会好的。"而不要苛责孩子衣服穿少了之类的。我们也可以清晰告知孩子关于康复的方案，比如当吃了一些药的时候人会有怎样的感觉，医生会用哪些检查来帮助孩子，病程中可能会有哪些疼痛与不舒服。当孩子能够以他能理解的方式知晓与生病有关的信息时，就会恢复一些可控感。

"可控感"是应对孩子与生病相关的坏情绪的关键词。在孩子生病期间，在一些微不足道的小事（比如"今天你是想喝稀粥还是吃面条"这样的事情）上，要让孩子有权去做决定。而在孩子身体彻底康复后，规律的、可预测的作息与日间安排会帮助他们恢复对自身及周围环境的可控感。

08/哄睡难、醒得早、夜醒频繁，如何让孩子睡个好觉？

多年前当我自己还是个新手妈妈时，某天晚上偷闲出门和朋友聚会，本想着晚上八点到家，但兴致一高到了九点都还在饭店里，侥幸想着反正平时在家照顾孩子的人除了我自己之外还有先生以及住家阿姨，白天他们都可以哄孩子睡觉，偶尔晚上哄一次说不定也行吧。

事实证明我太乐观了。听家里人说，作息一向很规律，到了八点就要揉眼睛进入睡眠状态的孩子那晚一反常态：一开始是瞪大了眼睛四处张望，完全感觉不到倦意；等到了九点左右时更是开始嚎哭起来，给奶瓶、换尿布、抱着哄，啥招儿都试了，娃就是哭个不停，拒绝去睡觉。

压力重重之际，先生下意识抱起刚满两个月的孩子，开始跟宝宝说话："宝宝是不是想妈妈了？妈妈平时这个时候都在，但今天还没回家，妈妈和朋友们在吃饭，也一定很想宝宝。妈妈再过一个小时肯定回家了，宝宝放心，妈妈会回来的。"据先生说，他说这些的时候只是想安抚一下孩子，并没有期待有什么神奇的效果发生，那一刻他以为宝宝无论如何是要等到我回家才会去睡觉的。但事实是，当他说完这些话时，宝宝的哭声立马变小了，从嚎哭变成了抽泣，又过了五分钟，居然在他的抱哄晃动中睡着了。

　　每次与养育者们谈论孩子与睡眠有关的坏情绪时，我都会讲述上面这个故事。对大部分孩子而言，在他们六岁以前，睡眠至少占据了每天生活50%的时间。当在这50%中出现形形色色的坏情绪时，对养育者来说会是极大的压力。这些坏情绪的表现形式包括但不限于：入睡困难、夜醒频繁且难以再次哄睡、醒得过早且难以再睡回去、起床气、睡前闹觉等等。

　　也许因为睡眠既关系到孩子本身的身心发展，又关系到整个家庭与养育者们的幸福感与身心健康，关于如何让孩子睡个好觉的育儿书一直是很畅销的，市面上有形形色色的书籍教大家如何帮助孩子睡个好觉。每当有养育者询问某某睡眠训练法是否有用时，我都不会轻易表态，毕竟每个家庭、每个孩子的状况都太不一样了，怎么可能有适合所有人的一刀切方案呢？我会做的是让养育者想象一下自己作为一个孩子经历睡眠相关坏情绪的体验，想象一下在那样的情境下，周围人说什么、做什么会比较有用，很多养育者会在这样的思考与讨论之后形成自己的答案与做法。

　　对于那些主张让孩子哭个够的睡眠训练法，我个人是反对的。从精神分析发展心理学的视角来看，如果一个人从人之初开始就连"睡眠自由"都没有，因为经常被置于无人回应的绝望情境而隔离对外界的需要（表面上来看就是实现了"自主入睡"），这很可能是在用孩子人格发展层面的代价来换取对养育者而言一时的便利。但我也并不支持养育者完全无视和牺牲自己的需求，只是为了避免让孩子经历与睡眠有关的坏情绪就无止境地抱哄。和白天学走路时孩子难免会经历自然而然的挫败感一样，睡眠也是一个"走向未知"的过程，孩子需要逐步建立起必要的自我调节功能，才能建立起健康、规律的睡眠节律。

当孩子出现与睡眠有关的坏情绪时，养育者们可以试着从如下维度去思考怎么做。

第一个维度是与生理有关的。孩子有起床气或者难以入睡，有没有可能是一些生理上的不适导致的？有不少养育者会观察到，孩子会在生病前或病中、病后特别难以哄睡，这种情况下除了多安抚、多抱抱，似乎也没别的灵丹妙药。而起床气有时可能意味着孩子夜间的睡眠质量不佳，或者睡眠时长不够，也有一些孩子可能是因为低血糖。不同情况的处理方式是不同的，比如如果一个孩子因为鼻炎而夜间缺氧，那么睡眠质量的提升需要和儿科医生通力协作，而对于容易晨间低血糖的孩子，起床时的一杯橙汁也许会起到很明显的作用。

第二个维度是和孩子的心理状态有关的。与睡眠有关的坏情绪，背后的关键词经常是"分离"，因为睡眠本身是一个"离开今天进入未知""离开熟悉进入陌生"的过程，如果孩子白天的生活中也恰好有一些分离在发生，他们面对睡眠时就会比平时更焦躁一些。比如一些孩子从月子中心搬回家或者换月嫂时会闹觉得厉害，有些孩子在养育者出现重大变化时会改变睡眠形态。更有趣的是，一些本来已经能睡整觉的孩子经常会在学走路的阶段夜醒频繁，除了学步期大脑浅层活动变多之外，另一个原因在于他们意识到自己可以主动"离开"养育者了，这让他们对于"分离"有了全新的体验与焦虑。

即使是生活中并无太多变化的孩子，入睡前也往往是他们一天结束时压力最大、最需要释放压力和被安抚的时候。这就和我们做完了一天的工作想玩一会儿手机、看一会儿书，或和家人聊聊天，好让自己安静下来的感觉是一样的。孩子并不像我们可以通过玩手机去缓解自己在白天堆积的各种体验。他们只有借助我们的交流与安抚，才能把那些坏情绪"代谢"掉。

同样，当一个孩子夜间因为各种原因醒来而难以再次入睡时，他们需要的是养育者的理解与抱持，而非命令式的训练，虽然这些工作对于同样也很需要休息的养育者而言的确是辛苦的❶。

孩子有时候也会因为心智发展而出现与睡眠有关的坏情绪，除了刚才提到的学步期的频繁夜醒之外，很多孩子也会在四岁前后出现一个容易做噩梦夜醒的阶段，这和他们的语言发展及攻击性的发展是有关系的：四五岁的孩子开始意识到自己心里面总有一些"坏念头"。比如当你感觉对一个人不满意时，甚至会有"我要杀了他"

---

❶ 哄睡的具体做法，可参见《让宝宝睡得好》（*Sleep：The Brazelton Way*）（布雷泽尔顿等著，严艺家译）。

等一些非常有攻击性的念头。心智发展成熟的人会知道，即使你心里面再想杀一个人，你并不会真的去杀他。但四五岁的孩子由于处于现实与虚幻不分的状态，可能会很担心这些邪恶的念头真的会跑出来伤人。白天他们会拼命地把这些邪恶的念头压制在自己的心里面，但是到了晚上，尤其是进入到睡眠状态时，这些被压抑在心里的内容又会再次浮现并以噩梦的形式出现❶，对于这样的孩子，白天帮助他们逐步建立起合理表达和释放攻击性的渠道（比如更发达的语言表达能力，体育与艺术等）是会有帮助的。

第三个维度是与养育者自己的心理状态有关的。当养育者自己过于疲劳与紧张时，孩子会更容易出现与睡眠有关的坏情绪和困难状况，仿佛他们很害怕进入睡梦后养育者就会遭遇不测似的。养育者如果白天需要上班，到了晚上又需要陪伴孩子，这的确是有很大压力的，不少与孩子睡眠有关的坏情绪就产生于这样的恶性循环。我会建议养育者们每晚在孩子睡前给自己至少20分钟的"自我照顾"时间，让自己有小小的时空喘口气，哪怕是洗个舒服的热水澡，带着轻松的心情去哄睡孩子一定会比带着抱怨、委屈的心情去陪伴孩子要舒服些——对大人和孩子而言都是如此。

另外，每个人在面对孩子与睡眠有关的坏情绪时，也会无意识

---

❶ 参见《触点：如何教养 3~6 岁的孩子》。

地表达出自己的童年经验。如果养育者自己是个小婴儿时容易被家里人忽略，那么面对孩子的哭闹时很可能会想要逃避；如果养育者自己小时候哭闹时从来没有被温柔地对待过，即使非常希望给孩子温柔，可能也会不知道该怎么做。这样的觉察对于面对孩子的各种坏情绪是非常重要的，而出路是允许自己体验一些新的关系，去体验何为"温柔以待"。这种新的关系也许来自爱人，也许来自朋友，也可以来自宠物或影视作品，或者来自心理咨询师。一个养育者越发拥有"坏情绪当下也能体验、感知到爱"的能力，就越有能量去涵容孩子的坏情绪，不仅仅是与睡眠有关的坏情绪。

在观察、思考孩子与睡眠有关的坏情绪时，最后一环才是与睡眠原理有关的维度。对小宝宝而言，在日复一日的睡眠体验中建立起合适的"睡眠联想"是构建健康睡眠模式的地基。

比如一个小婴儿可能需要养育者一边陪着，一边唱着摇篮曲，一边拉着手、拍着背才可以入睡，对这个孩子来说，这就是他的睡眠联想，需要集齐这些要素才可以入睡，有时候夜间醒来也许也需要这些元素才能重新入睡。也许过了一个月，他可以慢慢接受不拉手，或者只拉五分钟手；又过了一个月，他可以接受不被拍背了，这就是建立起了新的睡眠联想。以这种循序渐进的方式，大部分孩子会在1.5 ~ 4岁之间形成基于健康身心发展的独立的自主睡眠模式。

就像在生病时养育者无微不至、温柔有爱的照料可能是孩子一生的心理养分一样，一个孩子在睡眠领域得到过的支持与爱也会一路伴随他面对人生经历中的风吹雨打。从养育的角度而言，大人们可以陪伴孩子有温度地度过那些与睡眠有关的坏情绪，这对孩子的一生是事半功倍的"投资"。

09/ 发现孩子触碰隐私部位，父母该如何引导？

每当养育者们在咨询孩子行为发展问题时突然压低声音、眼神躲闪、面露尴尬，大部分情况下我的直觉都是准确的：他们发现自家宝贝有自慰行为了！一般我会先告诉父母们，自慰行为以不同表现形式存在于几乎每一个婴幼儿发展的过程中，同时会和父母们探讨一下他们自己对于自慰行为的立场。这样的讨论有时候是令成年人羞耻和尴尬的，但看到这些大人们的坏情绪，也是在为理解孩子的行为与情感创造一个开端。

当我们谈论婴幼儿自慰行为时，首先需要观察自慰行为对每个孩子所起到的不同作用。在我的观察中，大部分父母把孩子玩弄生殖器的行为等同于狭义上的自慰，也就是指那些"全神贯注体验生殖器区域快感、唤起兴奋和寻求刺激"的行为过程，然而对相当一部分孩子来说，触碰生殖器体验快感是对身体探索认知的一部分。那些刚会用手抓握的小婴儿、告别尿布的学步儿或者对自己身体有好奇且有能力去探索一下的孩子会意识到触碰生殖器区域能产生兴奋感，小男孩甚至会发现自己能勃起，基于探索目的，孩子会反复触碰以体验和确认这种兴奋感的存在，并试图建立兴奋感与身体部位之间的因果关系，父母的过度干涉反而会使他们想要了解这种兴奋感的渴望与好奇变得更加强烈。当父母发现孩子第一次对生殖部位产生好奇并且试图通过触碰来体验快感时，可以用平静和带有叙述性的口吻来描述这部分身体，例如："这是你的小鸡鸡，男生都有小鸡鸡。"中立节制的描述可以帮助孩子确认自己身体某部分器官的存在感，同时又让他对于从未体验过的兴奋有一种"来源可溯"的确定感，在这些感觉的支持下，对自身身体探索的过程是安全的，而当他们对身体部位的存在感觉非常确定时，也自然而然会停止高频的探索过程。

在更广泛的情况下，自慰更像是为了解压，也就是起到自我安慰的作用，除了用手触碰生殖区域以外，也经常有孩子将毯子、布偶等夹在生殖区域进行摩擦，或通过夹紧双腿体验快感，或利用椅子、桌角等进行刺激，在极少数的情况下，有女童会试图将手指或物品放入生殖器内部，面部表情有时也会变得恍惚甚至脸红喘气。精神分析师安娜·弗洛伊德（Anna Freud，精神分析学说鼻祖弗洛伊德的女儿）曾经提出一个颇有意思的观点，她认为当孩子被阻止吃手行为后就会逐渐出现自慰行为。虽然并没有实证研究去验证这个观点，但自慰的部分功能和吃手一样，是孩子用来进行自我调节以应对外界压力的方式，这点则是被临床心理学界所认同的。当我询问孩子的自慰行为通常发生在哪些时间点时，大部分父母都会谈到"睡觉前""特别吵闹或格外兴奋的场合"。当孩子需要和疲劳感共处或需要平衡甚至屏蔽外部环境刺激时，自慰行为就和吃手一样，是在向父母们发出信号："我承受的外界刺激太多了，我需要安静一下，我正在调节自己。"

很多父母的疑问是："难道孩子不会在单独的房间里或被窝里继续自慰吗？"当父母提出这样的问题时，往往会伴随着各种各样的感受：困惑、担忧、恐惧、羞耻……而在这些感受以外，很多父母也会担心自慰行为本身对孩子是否有害，很多父母自己童年也曾有过隐秘的自慰体验，这种本身自然、正常的行为有可能因为种种原因而被笼罩着羞耻感和神秘感，父母也因此会对孩子的自慰行为感到担心。自慰和吃手、咬指甲、扯头发之类的癖好一样，本身是一种中性行为且具有信号功能，这些行为的出现很多时候是孩子应对外界压力进行自我调节所选择的一种方式（就和很多成年人会选择抽烟、玩手机之类的方式来解压一样，自慰也是不少成年人选择用来解压的途径之一），当孩子的自慰行为并未达到病理性范畴（后文会提到）时，理想状态下父母可以给出的边界是："自慰是很私密的行为，在公共场合做是不合适的，但你可以待在自己的房间里那么做。"与生殖器相关的事情并不肮脏羞耻，但这是每个人的隐私，当父母因为各种原因需要触碰或谈论孩子的生殖器时，若能给予知会与征求同意的过程，也有助于孩子理解这部分是自己的"私有领地"。

面对孩子的自慰行为，我明确建议父母不要阻挠、禁止或恐吓，当周围人对孩子的特殊习惯给予过度关注或反应过度时，这种"提醒"反而会让孩子的自慰模式持续下去，固化成长期的行为模式，或者因为禁忌感而更充满好奇与冲动去进行实践。也有的父母会想要通过转移注意力的方式来制止孩子的自慰行为，对此我的观点是中立的，需要思考的是孩子从中究竟体验到了什么：是对某个行为的百般禁忌，还是对发展更多安抚方式的理解和支持？如果观察到孩子的自慰现象非常频繁，或者父母实在无法接受婴幼儿偶尔自慰一下，那么通常可以思考如下两个问题：如何减少孩子周围过多的压力与刺激？如何帮助孩子发展出新的自我安抚方式来逐渐替代自慰？有些父母观察到老大会在老二诞生之后出现自慰行为，在理解了自慰行为本身的功能与意义之后，老大所承受的内心压力与他为应对压力所付出的努力会真正被父母看见。

婴幼儿自慰完全不需要养育者放在心上吗？也不尽然。当观察到孩子的自慰频率过高或因为有自慰需求而回避参加活动和人际交往时，父母依旧需要对此行为给予格外关注。一些极少数但需要排查的情况是：

● 孩子是否有尿路感染的可能？女孩是否可能有阴道炎？是否有任何生理原因导致了自慰？

● 孩子是否对周围事物过于敏感或患有某种形式的孤独症？

● 如果自慰以外还伴随着对成人性行为的模仿，则需要考虑孩子是否无意中目睹过成年人的性行为甚至被性侵犯过？

● 孩子是否在体验某种持续性的过大压力？

如果需要排查以上问题，可以向儿科医生或婴幼儿心理评估干预专业人士寻求协助与支持。

类似于自慰这样的行为往往是由普通的探索开始，也经常是孩子在面对现实压力时打开的"减压阀门"，如果父母们对此反应过度或没能看见孩子所面临的坏情绪，偶尔为之的行为就可能演变成一个令人头疼的问题，自慰、吃手等习惯皆如此。

除了偏见之外，很多时候父母们难以想象与接受的现实是：婴幼儿心理世界的丰富程度并不亚于成人，甚至在某种程度上他们所能体验到的感觉可能是更加丰富和直接的，其中当然包括对于"性"的体验与幻想。当弗洛伊德提出泛性论时，他所说的"性"并非成年人所理解的狭义的"性"，而是指人类都有追求亲密与愉悦的动力，包括小婴儿也是。也许婴儿因为纯粹的快感会偶尔触碰和探索生殖器；也许对性别开始有意识的儿童在偶尔自慰时也体验着作为男生或女生，其所拥有的器官会带来令人愉悦的体验；也许青春期孩子的自慰行为已经非常接近成年人的自慰行为……我能想到的祝福是愿每个孩子都有安全探索自己身体的权利，体验到源于身体的快感时也能体验到许多外部世界的美好，发展出属于自己也为环境所容纳的自我调节方式，并且在未来能带着这些权利、力量与愉悦感发展出各种自己选择建立起来的亲密关系。实现这些愿望的"魔法棒"正在父母、老师和各位儿童照料者的手里。

★ 情绪小课堂

问题 1："与婴儿聊天"有用吗？

严艺家："与婴儿聊天"的方式在心理咨询工作中是有用的。法国儿童精神分析师多尔托也曾在她的著作中论证与婴儿聊天的重要性及有效性。

问题 2：如果自己对于孩子过于放纵，是否会导致他这辈子都没有办法摆脱尿布？

严艺家：当养育者们能够把如厕的自主权完全交给孩子时，几乎不需要怎么训练，孩子就可以在两岁半到三岁左右经历一个自然脱去尿布的过程。而在这样的一个过程当中，孩子很少会出现坏情绪。

问题 3：孩子哭闹的时候，是要抱抱孩子还是让孩子自己哭一会儿再去安慰？

严艺家：其实每个孩子在经历坏情绪时会有截然不同的身体需求与边界。有的孩子非常需要在有坏情绪的时候被养育者抱一抱，而有的孩子则完全拒绝和养育者在那一刻进行身体的触碰，仿佛身体上的触感会令他们压力更大。观察与尊重孩子在那一刻的需求是重要的：无论是需要抱一抱，还是需要自己待一会儿，这都是孩子为调节自己的坏情绪而表达的需求。

第五章

用温柔而坚定的言语，
帮孩子平稳进入"小世界"

01/孩子入园前的坏情绪，三步轻松应对

每年八月都是很多养育者格外焦虑的时候，因为有不少孩子要去往一个更大的世界：幼儿园。大家都会担心孩子能不能适应，能否情绪平稳地度过这样一个阶段。绝大多数孩子都会经历或长或短的"阵痛期"：也许是入园后头一周每天早上要抱着大人哭一场；也许是在幼儿园还好好的，一回家却闹脾气说再也不要去了；还有一些孩子即使过了两个月也还是缩在教室的角落里，无法参与幼儿园的日常活动。

在面对孩子与入园有关的坏情绪时，养育者们会有各种复杂的想法与心情：孩子真的准备好去幼儿园了吗？孩子哭得那么伤心，是不是缺少安全感？去幼儿园会让孩子留下心理阴影吗？

有上述这些顾虑恰恰说明了养育者们对孩子的在乎，这份"在乎"本身是自然且珍贵的。从发展的角度而言，无论一个人心智多么成熟，面对分离必然会有各种各样焦虑的反应。孩子对入园本身有坏情绪是很正常的，毕竟相比舒适而熟悉的家庭环境，踏入未知的外部世界会带来压力，大部分孩子因为入园而哭闹的背后是对过往养育体验的认可与不舍，虽然也有一些孩子的入园焦虑可能意味着一些未被察觉的身心发展状况。

关于孩子入园时的坏情绪，我总结了三部曲，能够支持养育者

们陪伴孩子们更好地平稳过渡。

三部曲的第一部，是入园前的准备。

首先养育者们得梳理好自己对于幼儿园的坏情绪。回忆一下自己小时候上幼儿园的经历和感受，这可以帮助我们看见自己内心对于孩子要上幼儿园的预设是怎样的。如果父母对于自己过去上幼儿园的态度总体是积极的，在陪伴孩子经历这一过程时的焦虑感也会相应低一些。

我们也需要和伴侣以及孩子的主要照顾者，比如爷爷、奶奶、阿姨等达成态度上的一致，那就是进入幼儿园对孩子的进一步成长与发展是有利的。过多的犹豫与怀疑，或者对幼儿园不够好的焦虑，可能都会对孩子造成一些无意识层面上的情绪影响，阻碍孩子的平稳过渡。

我们也可以和孩子讲讲自己小时候上幼儿园的故事，或者把孩子接下来每一天在幼儿园的经历编成故事讲给他听。我们可以在这样的故事当中融入很多情感上的支持，比如描述"当你睡午觉时，闭上眼睛可能会有点想家，但很快就睡着了，醒来觉得好舒服，还有点心吃"。

我们更要提醒周围的亲朋好友，避免把上幼儿园作为一种威胁去恐吓孩子。有的长辈可能会说："要是再不乖就把你送幼儿园去了。"这可能会传递给孩子非常负面的情感，让孩子感觉幼儿园是一个惩罚他的地方，这会人为制造出孩子对幼儿园的坏情绪。

我们可以和孩子一起选择一些与上幼儿园有关的绘本，并且回答他关于幼儿园的各种问题，提前一两周就按幼儿园的作息时间生活，从生理上帮助孩子更顺利地适应。我们也可以和孩子一起选择和采购上幼儿园所需用到的各种物品，比如小被子、名字贴等等，这会让他们感觉"这是我自己的事情，我可以为上幼儿园这件事情做出很多自己的努力，这个过程并非完全失控的"。

在入园前，可以带孩子积极参与各项欢迎活动。让孩子提前认识一下老师，养育者也可以本着信任的出发点和老师建立起关系，通过家访之类的契机聊聊自己对于孩子的观察，了解老师们日后会通过哪些渠道去沟通孩子的状况。

如果有条件的话，甚至可以邀请未来班里的小朋友们在开学前先互相认识一下，在一起玩一玩，这可以帮助他们建立友情，让孩子们在适应新环境的时候更为顺利。

三部曲的第二部，是入园当天的支持。

可以和孩子约定一个美妙的出门仪式，比如可以在孩子的手里比画一颗五角星的形状，告诉孩子"这是妈妈留给你的五角星，它将陪伴你，带给你一天的好心情"，用这种象征化的方式让孩子体验"看不见的联结"：即使白天见不到爸爸妈妈，他们的祝福与心意是陪伴着我的。

养育者们也需要做好心理准备，去面对孩子在入园当天可能出现的一些拖拉行为与坏情绪。入园对每个家庭和孩子来说都是一件大事情，当孩子需要更多的能量去面对眼前的压力时，会容易出现一些退行❶，比如不好好吃早饭或者尿床，养育者们可以在合理的范围内，尽力接纳与满足孩子退回到一个小宝宝的需求，比如允许孩子早饭少吃一点。预留足够多的时间，让早晨出门的时光不要太过匆忙。

养育者们也可以试着向孩子引入时间和日期的概念。因为很多三四岁的孩子并不知道双休日的概念，他可能会觉得今天去了幼儿园意味着一辈子都要这样。我们可以让孩子看到，其实他去了五天之后，还能在家休息两天，他依旧有很多时光可以和养育者们待在一起；每天早上去了幼儿园，晚上能回来……这些时间概念都是养育者们可以向孩子介绍与科普的。

而孩子如果和主要照料者的感情非常紧密的话，可以尝试让次要照料者早上把孩子送入园。比如如果平时都是妈妈带孩子，那么可以让爸爸早上送孩子去幼儿园，这样可以在入园当天减少坏情绪的冲击。我们要做好准备去接纳孩子所表现出的各种情绪。哭泣本身也是他们的表达方式，他们有权利通过哭泣去释放内心的感受。如果幼儿园允许的话，也可以让孩子携带一样自己喜欢的玩具或者全家福照片去幼儿园。

---

❶ 详见第二章第 4 节。

三部曲的第三部，是入园后的陪伴。

养育者们可以和孩子约定一个时间去接他，并且一定要努力遵守。对于刚刚入园的孩子，如果养育者们可以提早一些去接他们，会让他们更有安全感。

有一些小朋友白天的表现非常好，但放学时见到了养育者反而突然开始哭闹，这是非常正常的。因为他们经常会把最强烈的情感留给最信任的人。如果出现这样的状况，那未必说明他一整天都过得不开心。这些激烈的情绪可能源于他白天积攒的压力。当孩子对幼儿园更熟悉的时候，反而可能会在老师面前流露出更多的坏情绪，有时这说明他们对老师更信任了。

当孩子上幼儿园回来，养育者们会很想了解他一天在幼儿园里到底做了些什么。但在一开始，孩子可能会比较回避回答这样的问题。这是因为对他来说，白天要消化的东西实在太多了，他在放学后只想享受和大人们在一起的时光。我们可以通过玩过家家等游戏，去帮助孩子回放出白天所经历的过程，或者允许他有时间去自我消化，等他准备好的时候再和大人们慢慢聊。

有的时候，小朋友反复表示自己明天不想再去幼儿园了，我们需要好好倾听背后的理由，每个孩子不想去幼儿园的原因可能都是不一样的。记得我的孩子曾有段时间不想去幼儿园，了解下来发现她的原因是每天进园时老师不肯给她手里的小熊量体温。而当这个问题解决之后，她每天都能很快乐地去幼儿园。这样的原因我根本就想不到，但是如果能给孩子一个良好的倾听环境，将有助于我们更有针对性地去解决问题。

孩子入园后回到家时会有各式各样的退行行为，比如他可能需要穿回尿布、夜醒、黏人或者情绪波动。当这些需求被养育者们看见并被接纳时，往往会在1～2周的时间内消失。这段时间也可以在家里尽量多给孩子一些自主权。在充满不确定的阶段，当孩子能拥有更多选择权时，他们会通过自己做决定来感受到安全。养育者们也需要和老师保持沟通，及时了解孩子入园的过渡情况，做好家校配合。

如果孩子每天去幼儿园时情绪平稳，而且开始能在家中提到幼儿园里的趣事或好朋友，那就说明孩子基本已经完成了入园过渡。如果入园一两个月后孩子依旧出现各种各样的问题行为，或者坏情绪的反应依旧十分强烈，那可以和老师或者专业人士共同评估一下，看看有没有更具支持性的方案，或者孩子是否有一些需要被特别关注的身心发展状况。

在养育者们的支持下，上幼儿园的坏情绪最终会转化成孩子的成长经验。分离会有痛苦，但是在养育者们有智慧的支持下，这些阵痛最终会给孩子带来成长。

02/如何让孩子学会合理拒绝但又不伤害他人？

当孩子并不愿意和小朋友分享玩具进而出现坏情绪时，养育者们可以怎么做？

让小朋友长成一个谦让有爱、乐于分享的人，的确可以作为培养孩子的一个目标。但即使是情绪相对成熟的成年人，如果有人逼着我们把自己最喜欢的东西分享给并非最亲近的人，可能我们也会觉得非常不舒服。

孩子在周围人要求他必须分享一些东西时出现坏情绪，这本身非常自然，他是在表达自己内心真实的感受。身为大人有时会身不由己地去答应一些自己并不想满足的要求，在人际关系中也许会感觉难以拒绝周围人的一些期待。而当孩子面对类似的状况时，养育者自己可能也会感觉有各种内心冲突。

其实一个人格成熟的人，既可以在人群当中做自己、成为自己，又可以和他人保持积极的、良好的关系。也许当我们在面对孩子的这类坏情绪时，真正需要聚焦的是，如何让孩子学会合理拒绝他人但又不伤害他人，避免在这些时刻被坏情绪或者纯粹的压抑感觉所淹没。

合理拒绝分三步，而这三步对养育者们来说也是一次自我成长的体验（比如当我们在拒绝孩子时，也可以参考这三个步骤）。

合理拒绝的第一步是看见对方的需求。

当孩子在玩玩具的过程当中，被自己不太愿意一起玩的小朋友打断、抢走玩具或者要求分享玩具时，我们首先需要帮助孩子弄清楚当下在发生什么。我们只需要像镜子一样，描述所发生的事情就可以，比如"小明想玩你的玩具，但是你并不想分享给他"。看清这样一个显而易见的现实，对于我们而言是非常容易的；可是对于孩子而言，在那一刻需要大人用语言表达出来，才可以避免他在面对压力时被坏情绪吞没。不要忘了，对一个三四岁的孩子而言，他们在一两年之前才刚学会说话，一旦遇到坏情绪，好不容易建立起来的言语功能可能会"崩塌"，当养育者们可以用语言描述当下发生的事情，孩子会感觉自己与语言有关的思维功能又归位了，可以避免被坏情绪冲垮的体验。

养育者们也可以试着用语言去猜测或澄清对方请求背后的需求，因为对一个三四岁的孩子来说，经常还无法了解他人行为背后的意图是什么，比如我们可以告诉孩子："当小明问你要玩具的时候，其实他是想和你做好朋友。"通过对对方外显行为和内在需求的描述，我们至少可以在那一刻帮助孩子认识到，站在对面的这个人究竟是谁、究竟想要什么。尊重是一切沟通的基础，而这样一个"看见"对方的过程就是尊重的开始。

合理拒绝的第二步是清晰表达自己的需求。

养育者可以帮助孩子向对方表达："我正在玩这个玩具，还没准备好分享给你。"当我们能用语言帮助孩子去表达时，他至少学会了用一种更成熟的方式去让对方知道自己是怎么想的，而不是通过动手推人，或者大哭大闹来达成目的。

语言表达是一个需要学习的过程。在这个过程当中，养育者自己可能会在很多时候觉得有些困难，担心伤害到别人。为了避免这点，在表达需求时要尽可能描述"我"的感受，而不是去判断对方的动机。比如表达"我想要玩玩具，不想分给你"的时候，是在讨论自己的感觉；但如果说"你想过来抢我的玩具，你是个大坏蛋"，这种评价与判断在对方听来可能就会是一种越界的表达，而越界的表达是无法带来建设性的结果的。表达自己的需求，意味着把语境限定在"我"的范围内，而不是代替他人去做出判断。

合理拒绝的第三步是提供一个替代性的解决方案（这对于孩子的综合能力有更高的要求）。

也许养育者可以提供给孩子这样的方案："虽然你不想把这个娃娃给小明，但是我们可以把这个飞机给他玩一会儿。"孩子会意识到原来有一条路径既可以满足自己的需求（不把娃娃给小明），又可以满足小明当下的需求（想要玩玩具）。

养育者也可以启发孩子思考，比如"现在你和小明都想玩这个玩具，但是你并不想给他。在你看来，我们有什么方式可以解决目前的这个状况呢？"孩子自己会开始发动思考，他可能提出各种各样的方案，即使是提出一些行不通的方案，这也是他自己在为人际关系负责任的一个过程。养育者可以给予一个倾听的空间，并给予适度的建议，比如"要不妈妈定一个闹钟，等五分钟闹钟响的时候，你就把这个娃娃给小明玩一会儿，等他玩好了再还给你好吗？"

类似的交流、谈判、商量的过程未必可以非常迅速得到一个完美的结果，但是在这个过程当中，养育者能够培养孩子对于自己情绪和需求的包容能力、对于他人需求的识别能力以及解决问题的综合能力。

每个家庭都有自己独特的价值观与边界，有些家庭可能会非常强调谦让这个品质，而有的家庭则更强调尊重自己的需求。但是，面对孩子的各种坏情绪时，有一条原则几乎适用于所有的家庭，那就是在身体与情感的层面，我们既不可以伤害别人，也不可以被别人所伤害。

当孩子在人际交往中出现一些令父母头疼又困惑的状况时，我们可以问问：自己孩子的行为究竟有没有触碰到这条原则底线？比如当孩子不愿意分享玩具、推搡那些想要拿走他玩具的人时，我们需要向孩子澄清的是：如果你推搡别人，你是在伤害别人的身体；如果你对着别人骂，你是在伤害别人的情感，这些都是不被允许的。但与此同时，如果别人一定要抢走你不愿意分享的玩具，这是他们在伤害你的感受，我们也不能允许这样的事情发生。

在彼此互不伤害的前提下，其实有很多中间地带是可以去探索和实践的，希望通过这样的情境，可以教会孩子与坏情绪相处的一些能力。

03/ 应对与咬人、打人、踢人有关的坏情绪，
不妨试试七步走

当孩子出现咬人、打人、踢人的行为时，养育者们都会经历非常担心甚至惊恐的体验：我家的孩子怎么突然变得那么具有攻击性了？在这些恐惧的背后，养育者会担心这样的行为有没有伤害到别人，以及自家孩子长大后是否还会那么暴力。

在本书第二章中我们曾探讨过，"言语化"是破解孩子坏情绪的钥匙。当孩子出现无法用语言涵容的坏情绪，不得不将其转化为攻击行为时，养育者的重要工作是帮助孩子把坏情绪用语言表达出来，同时在当下避免事态扩大，保护双方的身心安全。

养育者们不妨试试用以下七步来应对孩子与咬人、打人、踢人有关的坏情绪。

第一步，养育者首先需要终止当下的攻击行为，确保所有人都是安全的。

在本书中多次提到，对于孩子的成长而言，最重要的是提供一个让身体与情感都感觉安全的环境，安全是一条重要的边界与底线。因此当我们看到孩子咬人、打人、踢人时，首先要做的是把他们拉开，确保没有人会继续受伤。

第二步，养育者需要安抚受害者，也需要安抚攻击者。

养育者既要安抚那些被欺负的小孩，也要安抚一个也许看上去"十恶不赦"的攻击者。

如果大家观察一个孩子攻击他人之后的表情，往往会发现他也是非常手足无措的。尤其是四五岁的孩子，他们内心对于如何控制自己的言行还没有形成稳定成熟的脑回路，他们对于自己的冲动本身会感到痛苦。当别的小朋友被他弄疼而哭闹时，他们会非常内疚与不知所措。

因此养育者在安抚那些被弄痛的小孩时，也需要记得去安慰一下在旁边不知所措的攻击者。可以告诉打人的孩子："也许你的本意并不想伤害对方，但你刚才的所作所为确实把别人弄疼了。"这样的说法既帮助孩子看到自己的行为会带来的后果，又可以指出孩子内心的无助与良善，为进一步处理坏情绪创造空间。

第三步，养育者需要重申界限。

无论家庭有怎样的价值观，"安全"都是人际关系中的边界。养育者可以说："我们需要确保每一个在房子里的小朋友都是安全的，你不可以这样打弟弟。当你这样打弟弟的时候，你是在伤害他，这是不被允许的。"每一次当我们在强调这些界限的存在时，对孩子而言像是一些熟悉的东西回归了，意味着重获了一种可预测感和可控感。当孩子失控时，来自养育者的边界感会令孩子感觉安全。

尽管有些孩子依旧会表示抗议，比如说"是弟弟先抢我的玩具的"，但是爸爸妈妈对于基本界限的强调，会让他看到我们是在一个合理的框架内去解决问题，而不是漫无目的地扯皮。

第四步，养育者需要说明后果。

比如当孩子们因为一个玩具而打架时，养育者可以说："我们谁都没有办法再玩这个玩具，我必须把它拿开，以确保你们所有人的安全。"

有些时候养育者们会理所当然地认为，所有的暴力行为都是由某一个坏孩子造成的，但这种归因既有可能忽略了一些人际互动中微妙的细节，也有可能让表面看起来被欺负的孩子感觉自己在那样的情境下是没有能动性的，似乎除了等待能主持公道的成年人，他们无法做任何事情去避免糟糕情境的发生。当孩子们意识到他们双方都可以对事件的结果产生影响时，他们也会意识到其实每一个人都可以为坏情绪负起责任来。

第五步，养育者需要帮助孩子去进行反思。

比如可以告诉孩子"被人踢了之后会有乌青块，那会很疼，这对别人来说是种伤害"，或者告诉孩子"当你这样做的时候，所有的小朋友都会离你远远的，他们会不愿意和你做朋友"。上述这些对于后果的描述可以帮助孩子看到，他的行为可能带来哪些非常糟糕的结果，这可以帮助他去理解为什么不可以打别人、咬别人、踢别人。

第六步，养育者需要给予孩子必要的共情。

在给予必要的教育之后，也需要给予孩子一定程度的共情。有些孩子在攻击他人前，可能的确经历了比较委屈的事情。可以试着对孩子说："那一刻你可能觉得非常无能为力，觉得除了打对方一巴掌之外，没有其他任何办法去解决这件事情。"当养育者这样共情孩子的时候，孩子会感觉，养育者至少还是看到了他那一刻内心非常真实的感受的。而这种"看见"本身会让孩子更愿意与大人沟通他当下的想法，更愿意听听大人们究竟在说什么。

人与人的沟通如果是被责备与批评所充满的，那就没有空间去进行更有效的交流。若要孩子反思自己的行为，创造出能让孩子安全进行反思的心理空间是重要的。

第七步，养育者可以支持孩子解决冲突。解决冲突也许是向被自己伤害的人道歉，也许是想一个办法化解当下的冲突。

比如当孩子抢玩具的时候，我们可以告诉孩子："你们完全可以制定一个游戏规则，让每一个人都可以玩到这个玩具。"或者"我能不能给你一块东西挂在脖子上，当你下一次感觉想咬人的时候，就直接去啃那块东西。"这样的做法对一些比较小的孩子是管用的，因为当一个小孩子还不能用语言全然表达自己的情绪时，他可能真的需要付诸行动才能让自己感觉好一些。虽然咬人肯定是不被允许的，但我们可以肯定孩子内心有这一种攻击的需求，同时给予一个比较合理的解决方式。

也有的孩子会习惯于在裤兜里面揣一个海绵小球。老师会告诉他，当你感觉自己控制不住想要打别人的时候，可以把手放进裤兜去捏捏那个小球。这样的一些方式在学校和家庭都是可以被广泛采用的，可以让孩子们体验到，我们尊重他当下的坏情绪，并且也非常努力地想找到一些方法去帮助他，情绪是可以用不伤害自己或他人的方式得以表达的。

　　无论对于哪个年龄阶段的孩子而言，当一些坏情绪出现时，养育者用言语帮助他表达当下发生了什么，真的很重要。即使孩子说"我想杀了他"这样的话，也只是停留在幻想层面的一种表达，绝大多数孩子并不会真的拿起刀子去做那样一件事情。我们要允许孩子有一个空间，也许是通过语言，也许是通过绘画或者体育，去释放与表达心里的坏情绪，这样他们才不需要把这些坏情绪用拳头表达出来。

04/孩子害怕幼儿园老师，如何缓解他的不安情绪？

经常有养育者会问：不少幼儿园老师还挺凶的，如果孩子在幼儿园里看到老师批评其他孩子，感到非常恐惧，担心老师总有一天也会批评自己，因而对上幼儿园产生了很多坏情绪，应该怎么办？

实事求是地说，对一些小朋友来讲，去幼儿园并不总是快乐的，他们可能会在这个过程中经历各种各样的幻想，有些时候会经历一些恐惧、委屈、愤怒的感觉，我们可以如何帮助孩子处理那部分与幼儿园有关的坏情绪，尤其是关于幼儿园老师的坏情绪呢？

首先是需要帮助孩子去梳理事实，让孩子描述他所看到的东西。这其实就是在传递一个非常重要的信息：我有意愿也有能力了解你心里那些让你感到不安的部分。

但与此同时，需要特别注意的是，尤其对 3 ～ 6 岁的孩子而言，有时他们会把自己的幻想当成现实。比如当他们说老师骂别人、打别人的时候，现实可能是孩子自己想要去骂或者打那个小朋友，但在幻想层面他让老师"替"他实现了心里这些坏坏的小心思。孩子有类似的幻想并不说明他是个坏孩子，因为我们每个人心里都或多或少会有一些想要攻击他人的念头，只要不把它们真的变成行动，只是"想一想"是安全的。之所以要提到孩子这个阶段的心理特性，是为了告诉爸爸妈妈，当我们听到孩子描述幼儿园老师对同学不好的时候，先别急着去判断究竟谁对谁错，而是要先给孩子一个时空去描述他相信自己所看到的东西。养育者们心里可以有一根弦，知道孩子有些时候分不清现实与幻想，那些听起来令人担心的场景，并不一定真的发生过。

到底怎么样才能知道孩子说的是真话还是假话呢？我会建议养育者们在给了孩子充分的表述空间后，和老师去做更进一步的沟通。比如可以告诉老师："孩子回来告诉我他看到班上有人打人，我不确定孩子说的是不是真话。所以想问问老师，您的观察是怎样的？"这样的沟通本身是和老师就这一问题建立联系。通过孩子的叙述、老师的反馈以及别的家长的信息，大部分父母内心都会有个谱，知道到底是怎么回事。

不管事情是否真的发生过，养育者们都可以鼓励孩子表达这些恐惧感。当孩子感到非常害怕的时候，真正令他难以忍受的并非害怕本身，而是这种害怕并不能被爸爸妈妈所接纳，没有人愿意陪伴他去诉说那些害怕。当他有时空去表达那些恐惧感的时候，恐惧对他的伤害本身就已经小一些了。

在这个过程中，养育者也可以表达自己的立场与价值观，比如告诉孩子，别的小朋友被批评和责骂，并不是因为孩子自身做错了什么。因为这个年龄阶段的孩子经常把周围人的遭遇和自己联系到一起，会幻想是不是因为自己做错了什么，才让他人遭到了不公平的待遇。我们可以告诉孩子："无论怎样，爸爸妈妈都会在你的身后。即使你犯了错误，我们也可以去谈论它，而不会打骂、责罚你。"

通过游戏的方式来谈论坏情绪也经常非常有效。比如和孩子在玩扮家家的过程当中，养育者可以还原孩子在幼儿园中经历的一些事情，在游戏中讨论怎么办，鼓励孩子思考应该怎么做。孩子可能会拿起一个小兔子玩具说："小朋友你真不乖，我要打死你。"这时养育者可以拿起另一个娃娃说："打人是不对的，不管对方做了怎样糟糕的事情，我们都不能打死它。让我们一起来想一想可以怎么做。"游戏会让大部分孩子感觉放松，进而发挥想象力去思考面对这样的情境，他可以做些什么。

我们还可以通过分享自己的童年经历来帮助孩子。我想养育者们在上幼儿园的时候，或多或少也有喜欢的老师和不那么喜欢的老师，我们当时是怎样体验对于老师的恐惧的？我们是怎样走过那段时间的？这些故事对于孩子而言，都非常有价值。对孩子而言，最可怕的是无人陪伴他去面对这些压力，而当压力可以被表达时，感觉就会好很多。

最后，**我们也可以帮助孩子去接触不同类型的老师，意识到人是很多样的。**也许有的老师令他感到恐惧，但是也会有老师令他喜欢且愿意亲近。当孩子意识到这种恐惧感并不是因为自己做错了什么，而可能真的是由对方的一些局限所导致的，他也会更加笃定地去面对生活当中遇到的各种各样的人。

当然如果通过种种迹象，养育者发现老师确实对班里的其他孩子有暴力倾向，或者有非常不合适的行为，及时站出来保护孩子也是非常重要的一种示范。我们可以通过和园方领导沟通，或者其他合适的方式去保护孩子，改善孩子的生存环境。

05/让父母老师头疼的"小霸王"，是怎样"变坏"的？

在幼儿园或者小区游乐场里，经常会出现一些"小霸王"似的孩子，这些孩子很难遵守轮流玩的规则，在自己想要一些东西时会直接把别人推开去抢，有时候他们也会用语言去攻击和威胁别的孩子。

从事心理咨询工作十几年，我并没有遇到过哪个孩子是希望自己成为一个坏孩子的，不少令养育者头疼的"小霸王"其实内心有着许多不为人知的坏情绪。在思考如何让孩子"变好"之前，首先需要思考是什么东西让一个好孩子"变坏"了。

在我的观察中，"小霸王"们经常是从养育环境中习得了不少粗暴对待他人的方式，比如有些养育者自己可能言语比较粗暴，或者喜欢用暴力的方式去对待孩子或他人。孩子与社会相处的方式，很多时候形成于一个习得的过程。如果他周围最亲近的人表达出来的状态都是非常暴力的，孩子可能会不自觉地模仿并且认同那样的方式。很多"小霸王"的内心世界是充满不安全感的，他们会感觉似乎只有通过暴力才能维护自己，而养育者们在多大程度上能减少不当言行的表达决定了这些"小霸王"们能否在童年期习得更加成熟的处事方式。

在另一些情况下，随着孩子开始与同龄人建立友谊，生活疆域变大，他们也可能出于好玩或者友谊，而去模仿媒体上或者同龄人的暴力言行。对于这种情况，养育者需要帮助孩子去认知不同人之间的差异性，让孩子意识到即使和一个人做朋友，也并不意味着需要赞同和认可对方的所有选择与行为，在包括友谊在内的人际关系中，一个人可以坚持自己认为正确的选择，并且每个人都有许多不同的选择。

有时孩子也可能因为他所处的身心发展阶段而出现暂时的"小霸王"状态，比如当孩子开始逐渐掌握语言表达或者发现自己的力气越来越大时，他会通过各种行为来看一看自己究竟有多厉害——如果我抱一个小朋友是可以的，那我推他一下甚至咬他一下是可以的吗？这种对于权利边界的试探，对很多孩子而言是一个心智发展的过程，但是这样的过程是不符合社会规范且会造成很多冲突的。我们需要清晰地告诉他什么是不可以的，并且寻找到更为合理的方式帮他去探索这样的边界，比如参与足球比赛之类有对抗性的体育活动等。

还有一些"小霸王"在养育环境中经常会体验被贬低、受挫、沮丧的感觉，因此需要用一个虚幻而夸大的自我来彰显自己是"有力量"的。这类孩子的家教往往特别严格，但过于严苛的管教反而让孩子感觉自己一无是处。一些"小霸王"的心理机制其实非常类似于"狐假虎威"——通过展示虚幻的力量感，来让周围人不要伤害他。他们坏情绪的本质是对自身力量的不认同，甚至是对自身匮乏感的恐惧。

在一些更少见的情况下，"小霸王"行为也可能意味着孩子有一些未被察觉的特殊状况（比如注意缺陷多动障碍、孤独症谱系障碍等），或者孩子可能有一些与心理创伤相关的应激反应。这些情形都是需要儿童心理方面的专业人士进行评估才能采取合适的干预的。

如果家里有"小霸王"，当具体的冲突发生时，养育者们可以试着结合本章第3节去思考如何帮助孩子。但更重要的是，养育者本身承担了重要的示范功能，孩子需要在日常生活中意识到用暴力的方式去处理问题并不可取。

06/四步让孩子学会自我表达，情绪更稳定

相比于一个还不会说话的小婴儿，很多养育者对3～6岁孩子哭闹的忍耐程度是更低的，不少大人会选择用两种方式去面对：一种是暴力打压——你哭得那么响，我的脾气会比你更大；如果我可以威胁到你，吓到你的话，你就不会再哭闹了。还有一种是转移注意力——如果你哭闹撒泼得很厉害，也许去吃个冰激凌就好了。虽然这两种方式可能在某些时候是奏效的，但是它们都不能真正帮助孩子去做自己坏情绪的主人。

在我们探讨具体怎么做之前，首先要来看一看，养育者在孩子哭闹撒泼，表现出各种坏情绪的当下，为何会感觉难以忍受。

一种情况是，养育者可能会感觉失落甚至内疚，仿佛是自己不够好才导致孩子此刻如此痛苦。另一种普遍的情况是，养育者在这一刻非常担心失控，担心孩子的情绪表达会造成特别可怕的后果，或者对孩子的身心发展有巨大影响，因此会想尽一切办法把孩子那一刻的坏情绪抹去。

但越是用不合适的方式对待孩子的坏情绪，孩子的坏情绪就越是会愈演愈烈，形成恶性循环。即使是已经有语言能力的孩子，也可能因为长期被压制或者转移注意力，而无法形成在坏情绪的当下与他人好好沟通的能力。

　　在给予孩子具体的支持与帮助之前，养育者首先需要调整好自己的心态。我们需要看到孩子哭闹撒泼的背后，经常是在表达"我是谁""我想要什么"。比如一个孩子想吃香蕉，而爷爷硬要塞给他苹果的时候，他可能会哭闹——在这个当下，想吃香蕉的孩子被忽略了。孩子能够表达出消极的情感，说明他是有底气的；一些被诊断为儿童抑郁症的孩子很可能看起来始终是顺服的，这样的孩子其实更令人担心。因此，在看见一个会哭闹撒泼的孩子时，我首先会告诉养育者们："你们让孩子有了足够的底气敢于表达自己。"当然，我们也可以通过一些方式去引导孩子更有建设性地表达自己的不满，这就是养育者需要发挥作用的地方。

　　可以从四个方面，帮助孩子在哭闹撒泼的坏情绪当中，培养自我表达的能力。

　　第一个方面，是帮助孩子命名他的情绪。

　　有很多孩子，看似会说话了，但他的情感表达能力还停留在非常低的水平，比如他不能正确区分什么是委屈、什么是悲伤、什么是失落、什么是困惑、什么是尴尬。当这些情绪只能模模糊糊地出现在感觉中而无法用语言表达时，孩子可能会因为难以名状的焦虑感而哭闹，仿佛只有那样才可以让大人感知到他心里有多难受。当养育者可以命名孩子心里那些不爽的感觉时，孩子会有种"被看见"的安心，会知道即使没有灵丹妙药迅速解除坏情绪，至少有人知道"我是在经历难受的"，"我并不孤单"。

比如当孩子哭闹的时候，养育者可以结合具体情况描述："你是不是很生气？我猜你此刻很委屈。"这样的表达看似并没有给出解决方案，但是给出了那一刻孩子需要的情感支持。

第二个方面，是帮助孩子理解坏情绪背后的因果关系。

当孩子哭闹撒泼的时候，有时候他们也说不清楚自己究竟为什么会那样。而在坏情绪当下，养育者帮助孩子描述前前后后发生了什么，正是在帮助孩子建立起行为和情感之间的因果关系，而小婴儿是无法理解因果关系的。比如我们可以对孩子说："妈妈不愿意给你买那根棒棒糖，宝宝觉得很失望。"或者可以说："刚才有个姐姐抢走了你的玩具，你觉得非常生气。"这些对因果关系的描述也可以帮助孩子进一步理解自己的坏情绪。

第三个方面，是帮助孩子学会表达需求。

养育者们因为形形色色的成长经历，可能会对"满足需求"这一选择本身有复杂的情绪，比如有的养育者会担心过度满足孩子是否会把孩子宠坏。虽然对此并没有标准答案，但帮助孩子学会清晰表达自己的需求是会让他们终身受益的，孩子需要从养育者支持的态度中感受到：即使需求一时无法被满足，拥有某些需求本身没有错，一个人不应为自己有需求而感到羞耻。比如养育者可以帮助孩子表达出想要吃香蕉的心愿，但告知孩子今天家里的确没有香蕉，而不是去打压孩子想要吃香蕉的愿望。

第四个方面，是帮助孩子实现双赢与建立同理心。

从心理发展的规律来看，不少孩子要到四五岁以后才会逐渐发展起真正的同理心。在此之前，虽然看上去他们会在一些时候谦让，但那更多是出于取悦成年人的目的，而非有意识地通过建设性的方法来寻找到一个共赢方案。

但是当孩子具备了一定的语言能力时，养育者是可以通过更多的引导来帮助孩子思考出双赢方案的。比如当两个孩子在玩玩具的时候，有人想要独占玩具，导致另一个孩子哭闹撒泼，出现了坏情绪。我们可以帮助孩子去找到一个既满足对方需求，又不委屈自己的方案。这样的思考过程会让孩子有意识地为自己的坏情绪负责，去主动思考一个既可以做自己，又可以和他人保持良好关系的方案，比如用沙漏计时，两人轮流玩一个玩具。

养育者的支持会让孩子可以充分学习如何在坏情绪的压力之下依旧行使健康的自我表达功能，发展出更成熟的人际交往能力。擅长表达自我的孩子情绪更稳定，他们不需要通过哭闹撒泼来让周围人知道他们想要什么；这样的孩子人际关系会更加良好，也往往更富有创造力与建设性，知道在一些两难的局面下，该怎样为各方创造双赢或多赢的可能性——这不正是我们希望孩子长大时所具有的能力吗？

07/粗话脏话背后，藏着让坏情绪升华的契机

不少3～6岁的孩子会阶段性出现说狠话甚至粗话脏话的现象，有时候是因为好玩，有时候则是真的借由那些话去表达一些坏情绪，其中经常包括如下三种情形：

第一种情形是通过威胁他人的语言来展示自己的力量。比如有的孩子会对别人说："我要杀了你，我有一把很大的枪，只要我指着你，你就会死掉。"有些时候当爸爸妈妈看到孩子这么说狠话的时候，会非常担心，仿佛孩子真的会那么做。大部分情况下孩子只是通过语言表达给自己壮胆，他们真正在承受的坏情绪可能是害怕。

第二种情形是贬低他人的语言暴力。比如孩子可能会说："你这个大笨蛋，你怎么这么傻，什么都不会。"当孩子这么说的时候，养育者会感觉孩子非常无理，担心伤害周围人的感受。其实这种表达背后的坏情绪往往是孩子觉得自己是糟糕的，也许孩子在日常养育或幼儿园环境中经常被批评贬低，他似乎要用这样的方式让周围人知道自己内心其实有多难受。

第三种情形是与发展有关的粗话脏话，其中经常包括一些与排泄相关的字眼，比如屎、屁、尿等。也有一些孩子会模仿大人的口头禅，说出一些成人世界的粗话脏话。这类粗话脏话经常与孩子的心智发展有关，当他们日益发现语言的力量时，经常会用各种方式

去试探自己的语言可以给周围造成怎样的影响，而社交媒体形形色色内容的传播让这个过程变得更加复杂了。

孩子在学习讲话的过程中会体验到各种各样丰富的情感。在早期他刚开始会叫爸爸妈妈的时候，会体验到一种被认可的、骄傲的感觉；当他会说的话越来越多，养育者对他的语言表达能力给予赞许的时候，他也会为自己感到很高兴。而当养育者们都已经开始熟悉了孩子会讲话这件事情，习惯了他使用一些新的词汇后，孩子会感觉似乎得不到那么多的关注了。这些时候，他偶尔模仿了一句粗话脏话，却让所有人的关注都到了他身上，他会有一种困惑："为什么当我这样说的时候，大家都会盯着我看呢？为什么当我这样说的时候，妈妈会气急败坏地冲过来呢？为什么大人都很紧张地告诉我，这是不可以的呢？我的语言为什么会产生这么大的威力？"

带着这些困惑，孩子可能会一遍一遍地去试探自己的语言会对周围人造成怎样的影响。而当他们开始和同伴交往的时候，也会以同样的方式去试探同龄人的边界。他们会想要知道，当自己对别人说一些并不好听的话时，对方会有怎样的反应；3 ~ 6 岁的孩子很多时候并不清楚自己到底是谁，他们会通过讲这样的话来唤起周围人的反应，进而了解自己在社交关系中处在一个怎样的位置上。

除却一些未被察觉的特殊需求所导致的孩子说粗话脏话的现象（比如污言秽语综合征）之外，在面对孩子那些因为好玩而去模仿说粗话脏话的情形时，养育者们的首选可以是冷处理：假装没有听到，或者对此并不表露出过多的情绪。当孩子自讨没趣的时候，他们就会放弃这样的试探，千万不要盲目去纠正孩子，让孩子不要讲粗话，因为这可能会让他们更加体验到做禁忌之事的刺激感，反而强化了他们的行为。

如果感觉孩子并不只是出于好玩与模仿的目的，而是真的在借由粗话脏话表达各种坏情绪，那么养育者就需要通过合适的语言帮助孩子梳理与表达真正想说的东西，就如同孩子去摸插座时我们要坚决制止一样，也要非常清晰地对孩子的语言暴力说"不可以"，我们需要让孩子意识到别人和自己一样，也会有喜怒哀乐，用语言去伤害他人是不对的，别人也不能用语言来伤害自己。

一些养育者在这个过程中还会有的一个困惑是：我们如何在孩子的表达自由与对他人的尊重之间找寻到合适的边界？换句话说，自由表达与言语暴力之间的界限究竟在哪里？这对成年人来说也是一个非常重要且难以回答的问题。在社交网络上，我们经常会困惑于表达自己的想法和对他人造成困扰之间的界限究竟是怎样的。

在我个人看来，区分暴力与自由表达之间有一个重要边界，就是在沟通背后是否给对方留出了空间去进行更多表达。当表达是为了把对方逼进死胡同，或者给对方贴上一个让他无法翻身的标签时，就成了暴力。比如一个孩子和另一个孩子吵架，如果他说"你就是全世界最笨的那个笨蛋"，那么他就并没有给对方留出空间去谈论事实是什么。

养育者可以试着帮助孩子去探索语言暴力背后的东西。比如当他对另外一个孩子表达出生气甚至暴力的话语时，这是否意味着他其实很在乎他们之间的感情？养育者可以说："当你这么说的时候，我感觉到你对那个朋友很生气，但是这种生气背后，也可能意味着你真的很在乎他的表现。因此当他这么做的时候，你非常生气对不对？"如果孩子认可你的说法，就可以和孩子一起探索，用怎样不同的表达方法，可以在那一刻更富有建设性地表达自己的坏情绪，避免破坏一段关系。

在日常生活的点点滴滴中，养育者们也要有意识地减少对孩子的语言暴力，去努力倾听孩子的言外之音，让孩子有空间与我们进行沟通。这样的养育也可以支持一个3~6岁的孩子形成真正的同理心：在孩子三四岁的时候，我们可以帮助他换位思考，去思考对方会有怎样的感觉；而四五岁之后，许多孩子的道德感会开始萌芽，他们会更容易去同情他人或体谅他人。当孩子能在良性循环的人际关系中体验到许多与爱和关怀有关的成就感，他就不需要把语言暴力作为护身的武器了。

★ 情绪小课堂

问题 1：可以对孩子说"要是再不乖，就把你送幼儿园去了"吗？

严艺家：这可能会传递给孩子非常负面的情感，让孩子感觉幼儿园是一个惩罚他的地方，这会人为制造出孩子对幼儿园的坏情绪。

问题 2：孩子不愿意分享玩具，父母该不该强迫他分享？

严艺家：当孩子面对类似的状况时，其实养育者自己可能也会感觉有各种内心冲突。一个人格成熟的人，既可以在人群当中做自己、成为自己，又可以和他人保持尊重互信的关系。也许当我们在面对孩子的这类坏情绪时，真正需要聚焦的是，如何让孩子学会带着尊重拒绝他人，避免在这些时刻被坏情绪或者纯粹的压抑感觉所淹没。

问题 3：骂人打人的孩子，也有坏情绪需要被安抚吗？

严艺家：如果大家去观察一个孩子攻击他人之后的表情，往往会发现他也是非常手足无措的。尤其是四五岁的孩子，他们内心对于如何控制自己的言行还没有形成稳定成熟的脑回路，他们对于自己的冲动本身会感到痛苦。当别的小朋友被他弄疼而哭闹时，他们会非常内疚与不知所措。

因此养育者在安抚那些被弄痛的小孩时，也需要记得去安慰一下在旁边不知所措的攻击者。可以告诉打人的孩子："也许你的本意并不想伤害对方，但你刚才的所作所为确实把别人弄疼了。"这样的说法既是帮助孩子看到自己的行为会带来的后果，又可以指出孩子内心的无助与良善，为进一步处理坏情绪创造空间。

第六章

用坦诚而开放的态度，
化成长的烦恼为力量

01/家中添丁，四步帮大宝成长

当老大来到 3 ～ 6 岁这个年龄段时，一些爸爸妈妈可能开始考虑要第二个孩子，这本身是一件让人高兴的事情。但与此同时，不少爸爸妈妈都会担心，这个过程中大宝是否会出现各种各样的坏情绪。

事实上，当我们期待大宝对家中添丁不会出现坏情绪时，这已经是一个脱离现实的期待。

对资源争夺的焦虑感是写在我们基因里的东西，是人类的本能。同一屋檐下又来了一个新生命，意味着不少资源（比如养育者们的时间与关注）都要被分享出去了。大宝展现出一些坏情绪，恰恰是正常和自然的人类反应。

大宝各种各样的坏情绪，可能会有这样一些表现形式：比如似懂非懂地得知了妈妈又怀孕的消息之后，突然开始尿床；有的时候，大宝会突然开始不愿意再去幼儿园；当妈妈分娩完，把二宝带回家，大宝出现各种各样的哭闹，或者强行要求妈妈陪他玩；再到后来，当所有人都围着一个可爱的小婴儿转时，大宝也难免会有一些失落悲伤的情绪。

当二宝降生时，两个孩子的竞争也随之开始了。二宝取得一些重要的发展，这在大宝的体验中可能会是一种威胁。当大宝体验到这些情感上的压力时，他有可能会退回一个小宝宝的状态，积攒更多的能量，然后向前迈进。我们把这种退行的状态叫作"触点"。其实成年人的世界当中也有触点，比如当我们接到一个非常大的任务，为此茶饭不思的时候，其实就是在积攒能量，去圆满完成任务。对大宝而言也是如此。他退回到一个小宝宝的状态，是为了让自己有更多的能量去接受眼前这一个完全新生的生命，以及随之而来的家庭结构调整。

坏情绪背后往往还有一句潜台词："爸爸妈妈为什么还要一个小宝宝？他们是否嫌弃我太大了？是不是当我成为一个小宝宝的时候，爸爸妈妈就不再需要另一个小宝宝了？"这些幻想会环绕在大宝的脑海当中，他会做出各种不可理喻的、小宝宝般的举动，来吸引父母的关注。

养育者们时常会对上述这些变化感到非常困扰，甚至会感觉大宝不懂事，或担心家中添丁是否给大宝带来了终生心理创伤。对于大宝而言，家中添丁的确会唤起一些悲伤和委屈的体验，但就像其他成长的烦恼（growing pains）一样，这些经历如果能被好好处理，大宝也能从中获得不少成长的力量。

在伴随添丁而来的各种坏情绪表现中，还有一些表现是充满防御性的——"防御"是指一个人通过各种方式来无意识地隔离掉那些使自己内心特别痛苦的事情。比如有的大宝似乎对家中添丁表现出漠不关心的状态，即使爸爸妈妈告诉他这个现实，他也装作什么都不知道。这种回避就是一种"防御"，说明他并没有力量去面对和消化家庭中的这样一个重大变化。如果忽略这一点的话，就会错觉老大对此无动于衷或"什么都不懂"，但事实上他可能经历着比我们想象中要强烈得多的情绪。

那么养育者们究竟可以做些什么，来帮助孩子调节家中添丁所引发的各种坏情绪呢？

第一点是，永远不要隐瞒孩子什么事情。

当妈妈开始怀上二胎时就可以如实告诉孩子：我们将会有一个小宝宝了。无论是几岁的孩子，都会有自己独特的方式去理解这件事情。

对年龄比较小的孩子来说，带他一起去进行产检，或者通过读绘本等形式让他知道小宝宝已经在妈妈的肚子里，这样的过程非常重要。当爸爸妈妈带孩子去产检的时候，他可能会好奇地问这问那，也可能会显得漠不关心。无论何种表现都是有意义的，这意味着老大无论如何都是家庭的一分子，并不会因为老二的到来而被排除在外。

有的孩子不会询问太多关于妈妈又怀孕了的事情，但当他经过婴儿车时，可能会停下来好奇打量里面的婴儿——这是一个非常好的时机去和孩子讨论相关的问题。

第二点是，让老大拥有足够多的参与感。

无论是在孕期还是在孩子降生之后，我们都可以和老大一起参与到对小宝宝的养育过程中，比如在给小婴儿换尿布时，养育者可以要求老大拿一片尿布过来，甚至我们也可以给老大一个自己的玩具娃娃，让他在旁边给自己的娃娃换尿布。当老大感觉自己在家庭中依然有着独一无二的价值时，坏情绪就会缓解很多。

第三点是，避免夸大老二给老大带来的影响。

一些养育者会恐吓老大说："等弟弟妹妹来了，妈妈就要不喜欢你了。"这类表达对于孩子是完全没有帮助的，反而会让他不安的情绪变得更加焦躁。另一些养育者则会让老大过度理想化老二的存在，比如，有时候爸爸妈妈会说："家里马上要多一个小朋友和你玩了。"但是当小婴儿进家门时，老大看到的只是一团浑身发红，完全不会讲话，不会走路，成天只知道吃喝拉撒的小生物。父母事前充满粉色泡泡的过度理想化表达，可能会让老大感觉受欺骗，并因此非常失落和失望。

第四点是，保持开放，倾听孩子的心声。

在家中添丁的过程中，老大会自然而然体验形形色色的情感。如果养育者们把"让着老二"作为一种道德标准去要求老大，可能会让老大更加反感。如果希望老大能给予同胞手足爱与尊重，那么首先需要让老大体验到养育者们对他的爱与尊重。

在这样一个充满压力的时期，一个好用的小技巧是无论在孕期还是产后，养育者们都可以告诉老大："每周我们都会有和你独处的时间，我们会留出时间单独和你待在一块儿聊聊这周发生了什么。"这样的独处时间需要是有规律、可预测的，比如在周六的下午两点。当养育者在忙于照顾老二而无暇顾及老大的时候就可以提醒他："你记得吗？这周六下午我们是要单独约会的。你能不能等我一会儿？我们到那天下午，还可以去聊现在你想聊的事情。"

当老大感觉自己在养育者心中有一席之地，或者养育者依旧能够顾及他的种种需求时，他就会变得安定一些。他会知道，"即使老二来到了我的家中，我依旧是爸爸妈妈疼爱的那个孩子"。

养育者若是有智慧地支持老大调节与家中添丁有关的坏情绪，才能真正有机会让弟弟妹妹成为老大生命中的礼物。

02/孩子恐惧或撒谎，怎么办？

当养育者们发现孩子对于一些东西特别恐惧，或者在一些情境下撒谎的时候，内心的困惑、纠结甚至害怕可能会和孩子一样的强烈：我是不是没有给孩子足够强的安全感，才让他变得那么恐惧或者开始撒谎？

其实恐惧和撒谎，对孩子而言，经常是成长道路上的发展标志，并不全然是糟糕的。

让我们先来谈谈恐惧感。

不同年龄阶段的孩子都会出现不同状态的恐惧感，比如六个月左右的孩子会在面对陌生人时突然大哭起来，出现"陌生人焦虑"的现象。养育者可能误以为孩子的性格不好、不合群，但其实这说明，在那一刻，孩子大脑中的杏仁核正在发生一些变化（杏仁核主管与恐惧有关的情绪）。想象一下，一个人如果什么都不害怕，他可能很快会活不下去，因为自然界中就是有一些危险的东西是需要避开的。恐惧的情绪使人类得以繁衍到今天，而进化的过程让大脑也相应保留了杏仁核这个部位，让我们通过体验到恐惧来更好地保护自己。换句话说，一个孩子开始体验恐惧，说明他的大脑发展进入到了一个新的阶段。俗语说"无知者无畏"，很多时候恰恰是因为孩子的认知能力发展了，他们才开始渐渐有了越来越多恐惧的东西。

等到了三四岁的时候，孩子的恐惧变得和婴儿期有所不同。3 ~ 6 岁孩子身上也常见一些恐惧的表现，他们可能会害怕警察、巫婆、怪兽、黑暗、狗叫……这个阶段的恐惧，不少是源于孩子开始意识到了自己内心的攻击性：他可能意识到自己很多时候会对周围人有一些邪恶的想法。比如他可能很讨厌某个小朋友，很讨厌某个家人，很讨厌某个老师，但是他又不会真的把这些念头变成具体的行动，而是可能会把想要去打别人、伤害别人的愿望，在幻想层面放置到一些外在的物体上，比如一条吠叫的狗或者一个恐怖的怪兽都可以成为他内心攻击欲望的投射对象。换句话说，在那一刻，孩子虽然是因看到某些东西而恐惧，但他真正害怕的是自己内心那些想要伤害他人的冲动。

养育者们大可不必担心孩子有这样的攻击性，因为攻击性也是人类繁衍必备的一种功能。正是因为有了攻击性，我们才可以把它转化为更加高级的表达方式，去创造一些目前没有的东西，科技、艺术、文体等领域的许多发展都是建立在攻击性的基础上的。但是对 3 ~ 6 岁的孩子来说，他们需要经过一个比较漫长的过程来不断练习如何与自己的攻击性相处，并最终把攻击性用建设性的方式升华为创造力。

如果说一个 3 岁孩子一言不合就会动手，到了 6 岁的时候，一个孩子可能会说"我很生气，很想打你"，可是他并不会真的打；

而到了更大的年纪，比如8 ~ 10岁，孩子则会在表达愤怒之余，和大家一起坐下来商量，寻找到一个方案来适应彼此的需要。在这些成长阶段，养育者们需要帮助孩子去发展出更多释放自己内心攻击性的方式，包括但不限于语言表达，还有玩游戏、画画、创作等等。我们可以鼓励孩子去思考，当他内心感受到这些攻击性的时候，是否可以用一些建设性的方式去表达当下的需求。

孩子会慢慢意识到，与攻击性有关的坏情绪本身并不会造成伤害，重要的是我们如何去表达它们。即使对很多成年人来说，这也是个并不简单的问题：在绝对压抑和彻底爆发之间，不少人并不知道还有哪些方式可以表达与攻击性有关的坏情绪。这是一个和孩子共同成长的过程。

再来谈谈撒谎。

如果不在道德层面加以评判的话，对于孩子来说，撒谎简直就是发展道路上逐渐形成的一种高级功能，其中包含了相应的语言表达能力、模仿能力、预测能力甚至换位思考能力。

虽然撒谎是令人头疼的，但是对有些年龄阶段的孩子来说，撒谎可能是在认知层面上分不清现实和愿望所导致的结果。比如当一个4岁左右的孩子告诉你："我没有打碎花瓶，是小猫打碎的。"如果你确定现实并不是他说的那样，就可以告诉孩子："虽然你希望是小猫而不是自己打碎了花瓶，可是爸爸看见花瓶的确是你不小心碰倒的，你的愿望并不一定会因为你把它说出来而变成真的。"当养育者对孩子这样表达时，是在进行一项非常重要的工作：帮助他区分现实与愿望之间的边界。

如果在这个时候给孩子扣上撒谎的大帽子，他不仅会承受很大的道德压力，更无法习得内心的想象和现实世界之间究竟有怎样的区别。"澄清"在那一刻不仅是在面对孩子的坏情绪，也是在帮助孩子完成心智发展方面的功课。

当养育者可以带着接纳与智慧的态度陪伴孩子度过这些撒谎、恐惧的时刻，孩子就会慢慢开始接纳自己内心世界的各个部分，包括他的攻击性以及他的幻想。孩子会逐渐意识到，拥有那些攻击性和各种各样天马行空的想法并非危险的事情；一个人是可以把那些愿望以很多种合理的方式实现的，比如写文章、演讲、绘画、体育、玩耍等，所谓的"悲愤出诗人"正是描述了这样的一些可能性。当一个孩子可以把恐惧、撒谎升华为接纳与创造的时候，他的心智才真正开始迈向成熟。

当然，无论是撒谎还是恐惧，如果孩子频繁（一周出现不少于四次）或长期（超过一个月）出现这些行为，且影响了正常的学习、交际和生活，那就需要向专业人士求助，寻找一下是否有其他原因导致了这些行为与坏情绪。

03/如何与孩子谈论死亡？

每个孩子在成长过程中都或多或少需要面对死亡这个话题。他们对于死亡的概念有可能来源于一个小动物的逝去，也有可能来源于书籍、报章或影视作品；在一些更令人悲伤的情况下，孩子也有可能需要面对亲朋好友的逝去，甚至是同龄人的离开。当孩子脑海当中开始出现与死亡有关的概念时，他们无一例外都会感到非常恐惧与焦虑。而当这些坏情绪难以被表达时，孩子可能会以各种方式呈现他们对于死亡的复杂感觉——也许是情绪上的易激惹、在需要和养育者分开时特别焦虑、晚上做噩梦、茶饭不思、尿床等。

那么当孩子开始对死亡有所感觉时，养育者们如何可以帮助他们处理与死亡有关的坏情绪呢？在谈论这个话题之前，养育者们自己是怎样看待死亡的，这是一个非常重要的议题。

在人类历史上，死亡一直是一个非常神秘的概念。从"长生不老丹"的传说到现在的科学生物基因技术，我们一直试图攻克死亡带给我们的恐惧。即使如此，没有人知道死后的世界究竟是怎样的。这种对于死亡的不确定感，会让养育者自身对于死亡有着各种各样复杂的情感。对有些家庭来说，如果拥有一些宗教信仰或者一些文化上的观念，死亡可能变成一个更容易理解的意象或者概念。

如同和孩子谈性一样，当养育者和孩子谈论死亡的时候，对孩子而言，最重要的是大人坦诚开放的态度。当孩子对于死亡有各种各样的坏情绪时，他们需要感觉"大人们是愿意和我谈论这些话题的"。

养育者们可以和孩子一起，坦诚地去面对对于死亡的无力感与焦虑感。

告诉孩子："当我像你这么大的时候，也很害怕死亡，那个时候我不知道死亡意味着什么，不知道死亡会不会带走一些对我来说很重要的人。"让孩子感受到自己的体验是被父母所理解和看到的，至少他不是孤单一人在承受那样的感觉。

养育者们可以通过耐心倾听，来了解孩子对死亡的真正恐惧是什么。

死亡所唤起的每个人内心的恐惧是不同的。对有的人来说可能是疼痛，有的人可能是害怕挚友亲朋的离开，有的人害怕死后那个未知的世界，也有人害怕失去眼前所拥有的美好的一切，等等。当孩子没有办法表达出他究竟害怕什么的时候，养育者的解释可能是徒劳的。有的孩子会说："我不知道人死掉的时候是不是会流很多血，是不是会很痛。"当养育者可以倾听到孩子这些非常具体的害怕的东西的时候，才可以有针对性地去回答他们的问题，去解答他们真正的困惑。

养育者们也可以用孩子能够理解的方式去解释什么是死亡。

养育者并不需要用大量生动的描述去绘声绘色地描述死亡，而是可以用一些理智化的方式帮助孩子们从理性层面意识到死亡是不可避免的。

养育者们可以这样告诉孩子："当一个人变得很老很老的时候，他的身体会逐渐停止运转，那样他就会接近死亡。"或者也可以告诉孩子："如果小兔子身体里有一些细菌或者病毒没有办法被药杀死，这些细菌和病毒就会让它的身体停止运转。因此小兔子会进入死亡的状态。"

面对更大一些的孩子，我们还可以从自然科学的角度，去帮助他理解死亡究竟是怎么发生的。当孩子从理智化的层面对于死亡有了更多认识时，未知的恐惧会减轻很多。

养育者们在和孩子谈论死亡时，也需要做出一些力所能及的"承诺"。比如当孩子问"妈妈你会不会死？"时，我们可以回答他："每一个人都会死，但我会到自己很老很老的时候才死去。那个时候的我可能已经老到连路都走不了，连饭都吃不了。而那个时候的你，一定已经具有足够多的能力，好好地生活在世界上，也会有其他的人像我一样爱你。"孩子会从养育者的回应中意识到，虽然死亡不可避免，但在某种程度上，它距离我们也有一段距离，孩子并不需要担心每个眼前人都会突然消失。

有些时候我们可以通过一些仪式去怀念死去的人。比如带孩子出席追悼会是一个非常重要的告别的过程。一些家庭会因为避讳死亡而避免让孩子参加对于逝者的告别活动，这是不明智的。因为那样孩子就没有经历一个仪式去意识到我真的和这个人分开了，他可能会不断地想"那个人到底去哪里了？为什么周围没有人愿意向我解释他去了哪里？是不是周围人都没有能力去面对这件事？"

养育者们可以通过各种各样的方式去谈论逝去的人。比如可以和孩子一起回顾相册，一起回忆逝者的音容笑貌，并且告诉孩子："当他走了之后，我也会很想念他。当我想念他的时候，会看看这些照片，回忆一下我们在一起的美好时光。"

当孩子面对重要家庭成员的故去时，可能出现一些退行的行为，这也是他在面对生活压力时所做出的调整。比如一些孩子在这个阶段会对和养育者的分离格外焦虑，会担心大人出门了就再也不会回来。我们可以向孩子保证我们一定会按时回来，并且一定要做到按时回来。这些退行行为一般会在3个月之内自动消失。

养育者们也可以试着在孩子的心目中，对死亡这个话题进行小小的升华。可以和孩子分享历史上人类为了对抗死亡做出过多少努力，而这些努力带来的结果又对当时的社会产生了怎样的影响。可以鼓励孩子："人类对于死亡的探索还会一直继续下去。如果你现在好好学习，未来你也有可能把延长人类的寿命作为你的事业，这是非常了不起的事情。"

当孩子看到这些希望的时候，他对于死亡的坏情绪会变得更容易消化一些，他也会在这样的过程中慢慢建立起自己的价值观与生命观。

04/如何与孩子沟通离婚的决定？

变化是常态，人类社会的运行概莫能外。婚姻作为人类文明的产物也有各种结束的方式，"直到死亡把我们分开"是世人最向往的一种，而由于其他一些原因提前结束婚姻也早已是文明社会中的多元选择之一。

很长一段时间里，人们坚信离婚是个对孩子们而言一无是处的选择，并且当一些离异家庭的孩子出现行为问题时，会被简单粗暴地归咎于家庭结构。然而心理学家玛维斯·赫泽林顿（Mavis Hetherington）关于离异家庭的纵向研究显示，在父母离异后的第六年，75％的孩子已经克服了第一年时的压力以及悲伤，并且各方面都运作正常，剩下的那些25％的孩子有各种各样的问题，而在来自完整家庭的孩子中，这些问题发生的比例是10％。赫泽林顿博士得出结论：离异是一种高风险的情况，但并不一定总是对孩子们产生坏的影响。她强调，离异本身对于年幼孩子的发展以及父母养育孩子的能力所带来的坏处，远不如一段恶劣婚姻中的各种争执和冷漠严重。对孩子而言，足够好的婚姻>足够好的离婚>糟糕的离婚>糟糕的婚姻（">"意味着"优于"）：在长期恶劣的婚姻关系里，孩子往往成为替罪羔羊，仿佛自己需要承担起父母无法幸福的现实责任；而当父母既没有能力也没有勇气去改变或终止一段糟糕的婚姻时，孩子也会和父母一样体验到持久的无力感，这对发展健康的自尊感及价值感是非常不利的。

"离婚究竟会对我的孩子们产生怎样的影响？"回答这个问题就如同回答"我的孩子们到底在想什么？"一样取决于许多个体化的因素，包括但不限于：孩子本身与父母之间的关系质量如何；孩子本身的个性及成长史是怎样的；当家庭发生重大变化时孩子能获得多少支持性的资源，无论是物质还是精神上的；父母本身的人格结构是怎样的，婚姻解体的时候，他们能在多大程度上陪伴、支持孩子走过最动荡的分离阶段；等等。在和父母一起探索这个问题之前，我通常会询问："当你提出这个问题时，内心会有怎样的感受？"探讨这个问题通常让父母们可以坦陈内心的不安、自责与恐惧。无论是亲朋好友还是专业人士，提供一个安全的时空让离异中的父母表达这部分情感是非常有必要的，如同他们也需要提供空间给孩子们表达这些情感一样。父母们自己能在多大程度上从离婚这一事件中恢复过来，重建离异后全新的父母效能体系，这也是影响孩子们日后情感行为发展的重要因素。我们要做的是停止给离异家庭的孩子贴上标签，避免将其置于"自我实现的预言"里以致阻碍其发展。身处人生重大变化里的父母们本身也已经在体验自责、内疚、焦虑、不安等情绪，除了帮助他们疏导这些情绪以外，还可以在合适的时候聚焦于当下拥有的力量，看看可以在哪些方面为孩子们做出努力。

　　与孩子沟通离婚的决定对许多父母而言是困难的，有时候甚至会用"爸爸/妈妈出差了"之类的虚假理由来回避谈论家庭的变化。无论多小的孩子都会察觉到家庭中细微的关系调整，用简单清晰的方式告知他们父母所做出的重大决定在任何时候都是有必要的，这关乎亲子关系中的信任感："爸爸妈妈是否会向我隐瞒一些事实？爸爸妈妈是否相信我能面对这一切？如果爸爸妈妈自己都无法如实面对离异这个现实，我又该如何去面对呢？"另外，在离婚后的头一年甚至更长的时间，不同年龄段的孩子都会倾向于把离婚的原因归结到自己身上，并且幻想父母会复合，即使在理智层面知道那样的一个家庭是充满紧张与压力的。精神科医师朱迪斯·沃勒斯坦（Judith Wallerstein）通过研究发现，孩子们可能在父母离婚后长达十四五年的时间里依旧渴望原生家庭的重组。

　　当需要开口和孩子正式谈论离婚时，可以参考下面的表达方式："我和你的爸爸/妈妈做了个重要的决定，如你所感受到的那样，爸爸妈妈在过去经历了各种各样的争吵与压力，虽然我们尝试过去努力面对和解决这些问题，但最终还是决定离婚，各自分开生活。爸爸/妈妈会搬去另一个地方住，但你每周还是有机会可以见到他/她，他/她一直在离你不远的地方，当你想他/她的时候也可以给他/她打电话。这是爸爸妈妈多次讨论后所做出的决定，不管家庭发生什么变化，你一直都是我们最心爱的孩子，我们会一直爱你，也会尊重和支持你的爸爸/妈妈继续爱你。对你而言，面对这样的变化也许并不是一件容易的事情，我们希望能尽力陪伴你度过适应期，并且不管将来有什么问题，爸爸妈妈总是在这里。"

采取类似表达方式的原因是：

（1）将离婚这个决定"局限"在两个成年人之间，让孩子感受到成年人为了这段婚姻也做出过努力，而不是让孩子猜测自己是否需要对此承担责任；

（2）用简单清晰的方式解释了何为"离婚"，并且确认了孩子在这个过程中所体验到的压力，让他感觉自己的感受都是被看见的；

（3）向孩子确认父母对他的爱不会因为离婚而发生改变，并且彼此会尊重对方去给予孩子足够多的爱；

（4）用规律的仪式（定期探视）让孩子对未来的新生活具有一定的可预测感与掌控感；

（5）不涉及对彼此的指责与埋怨，不过多谈论离婚原因及财产分配、赡养责任等具体细节，除非透露那些信息对孩子是有益的。

在离婚后的生活刚刚开始的阶段，孩子可能会对"分离"这一事件格外敏感，仿佛在担心和自己生活在一起的家人也会离开似的。在此期间，和孩子居住在一起的父母需要在每次告别时都向孩子强调自己是会回来的，并且共情孩子的那些担心——"你会不会因为我不够好而离开我？"每当孩子有这样的感受时，父母都可以借此机会让他知道，虽然有人离开了这段婚姻关系，但并不是所有的亲密关系都会以这样的方式终结。即使婚姻关系结束了，另一方对孩子的爱与责任依旧是延续着的，不居住在一起的另一方父母则需要格外遵守自己对孩子的承诺，探视时间的安排需要是清晰、可靠、准确的。平时缺位的那一方父母重新出现，会在很大程度上让孩子相信自己并没有被抛弃；如果因为一些状况无法按时抵达，也可以通过电话等方式告诉孩子自己还记得约定，并且会尽力兑现承诺。

孩子也有可能在父母刚离异的时期对自己的行为表现格外敏感，当自己表现不够好时，会将此联系到父母的婚姻变化上，包括责备自己需要对父母的婚姻解体负责。父母们需要向孩子们一遍又一遍地申明："我们爱你，并且我们从来就不想离开你。我们两个成年人无法生活在一起，但我们都想和你在一起，不管你做什么都不会改变这一点。"

不同年龄阶段的人也会在面对重大变化与压力时发生行为退行，精神动力的解释为通过行为退回到婴儿状态来积攒足够多的能量适应压力，退行的具体表现包括但不限于夜醒、尿床、厌食、黏人、情绪易激惹等，当这些行为上的倒退发生时，刚离异的父母很可能会为此感到自责；然而硬币的另一面是，成长有阵痛，婚姻关系的变化是家庭系统中每个人都需要成长的关口，当孩子能够在足够好的支持下度过这段调整期，这些行为变化也会相应消失。

无论专家们给出了多么细致的建议来把离婚对孩子的影响降到

最低，当父母们并没有处理好自己的内部世界时，任何建议执行起来可能都会是生硬而别扭的。离婚会唤起成年人许多强烈的情绪：憎恨、愤怒、委屈、伤心、自卑、无力、恐惧……这些情绪在离婚的当下是需要有地方被容纳的，这样父母在与孩子沟通离婚问题时才能最大程度倾听到孩子当下的需求，也避免投射过多的负面情绪给本就压力重重的孩子。情绪的容器可以是亲朋好友，但谈论婚姻破裂也会唤起周围人潜在的焦虑感，有时候甚至会给出让本就困难的局面雪上加霜的反应和评断。在这样的时期如果能与专业的心理咨询师开展工作将会是有益的，受过专业训练的咨询师可以用客观、中正、节制的立场来陪伴父母梳理这个过程中所发生的事情，重塑自尊感与价值感，并且让父母准备好用相对平和的心态去和孩子谈论离婚。父母们需要记住的是，孩子看到父母彼此之间流露出憎恨与强烈的攻击性，对他们而言是难以消化的场景，这样的场景会让孩子内心植入一段潜台词："如果我做得不够好，爸爸/妈妈也会这样讨厌我甚至离开我，我必须要成为一个完美的孩子。"在多宝家庭里，面对父母的离异，老大有时候会被不自觉地置于一个"替代爸爸/妈妈"的角色，但这样并不公平，即使年龄较大，但孩子终究是孩子，他也需要时间去消化父母离异的现实，并且和较小的孩子一样需要被允许退行。

当父母离异之后，周围的家庭社会关系都会成为孩子重要的支持，比如祖父母，他们不仅可以帮助孩子去理解婚姻破裂这件事情，更因为其存在而让孩子的生活里有了不变的、可信赖的、充满关怀的关系。与孩子居住在一起的一方父母也需要调整自己对于亲家父母的感觉，以尊重孩子对于一个家庭的需要。需要注意的是，除了支持性的关系之外，也需要避免周围人在此时对孩子出现溺爱的情况：在整个家庭结构发生调整之际，有时候孩子会钻不同训育方式的空子，通过表达"爷爷奶奶不会对我有这样的要求"使需要对其实施训育的父母感觉糟糕和恼火。然而越是在动荡的时候，清晰稳定的边界对孩子而言越是意味着安全感，父母需要和其他重要照料者坐下来聊聊，究竟怎样的方式在当下对孩子是最有利的。在动荡时期，孩子需要感觉能寻找到自己的界限，而充满尊重的管教会成为其安全感的来源。

近年来，离异家庭的数量并非少数，通过阅读书籍和结识一些有类似背景的父母也许会帮助各方更快重建新生活，让孩子和另一些离异家庭的孩子玩耍交流也有助于他们寻找到更多的力量，而父母也终将开始自己的新生活。

离异并不等于单亲，对孩子而言，即使父母的婚姻解体，他依旧可以拥有两份亲情。父母需要面对现实与压力，保持倾听与开放，并且最重要的是，相信自己的孩子终究能够从这样一段经历中寻找到意义与力量，不时认可他为了适应新生活所作出的努力，不间断地给予爱、尊重与清晰的边界，这些是养育者们无论经历怎样的变化都可以去做的。

05/如何帮孩子学会"失去"这门必修课?

大部分时候，当养育者们面对一个正在经历坏情绪的孩子时，很自然的反应就是"宝宝别哭"——虽然这样的安慰经常是无济于事的，但几乎每一位养育者都会希望孩子在成长过程中可以快快乐乐的，永远不要经历任何悲伤与痛苦。可惜这只是一个美好的愿望而已。

即使是小婴儿也会察觉到环境当中各种各样的暗流涌动：养育者的变化，环境的切换，养育者互相之间人际关系的质量……哪怕是在一些孩子不满 1 岁的家庭中，当家庭正在经历重大考验与变化（比如主要成员生病、离异、死亡等等）时，孩子也往往会感知到周围人情绪的不安，自己的情感与行为也会相应出现各种变化。也许一个早就不需要穿尿布的孩子又开始尿床了，或者一个孩子可能会在搬家之后经历情绪很动荡的时期，退行让孩子有空间和时间去积攒各种新的"力气"，去面对生活当中这些可大可小的"失去" ❶。

每个孩子成长过程中都有可能会为了很小的事情而感觉悲伤委

---

❶ 详见第二章。

屈，哪怕那些事情在大人的世界里不值一提。比如当孩子丢失了自己心爱的玩具，或者找不到在小区里捡的某一片叶子了，他可能就会大哭大闹，坏情绪爆棚。虽然孩子成长中会逐步发展出更成熟的情绪调节功能，但即使到了学龄期，孩子也会经历各种各样悲伤委屈的事情，也许是感觉被老师冤枉了，也许是爸爸妈妈又有了一个孩子，在这些情境中，各种复杂的情绪会涌上心头。

孩子体验到悲伤和委屈，背后经常有一句潜台词：我不想失去眼前的这一切。几乎所有悲伤和委屈都是和"失去"这个过程联系在一起的。即使有些孩子看上去并没有那么悲伤，而可能会表现得很愤怒，可能经常会大吵大闹，这些坏情绪背后都是与"失去"有关的体验。

"失去"会勾起每个人作为婴儿时的一些感觉。对婴儿而言，有一个非常重要的认知发展里程碑是意识到"客体永久性"，这是指一个人能够意识到，即使一些东西不见了，它们还是以某种形式存在着。比如当你把一个小球用毯子盖住，婴儿会本能地觉得球消失了；但是当发展出客体永久性时，他会知道即使毯子盖住了球，球还是在下面的。

这样一个小小的认知特点对孩子的发展有着非凡的意义。它让孩子在去幼儿园时知道，"即使我看不见妈妈了，妈妈还是存在的"。而客体永久性发展并不完善的孩子就会觉得，如果一样东西见不到了，那就是彻底消失了。

如果我们回顾这样的一个心理发展历程，就不难理解，当孩子在生活中真的失去一些东西且它们再也回不来时，那对他而言是多么大的一种心理冲击，这仿佛是攻击了他人生中最基本的一个信仰，即"如果一样东西我看不见了，它还是存在的"。比如当一个孩子失去长辈时，他可能会发现自己是真的再也见不到他了，却意识不到那些曾经有过的爱与温暖还会以某种形式在生命中延续下去。

学会"失去"是人生的必修课，但在学校里并没有一门课教会我们如何面对"失去"。当孩子在养育者的支持下面对"失去"时，他们可以从中获得受益终身的东西："失去"时的坏情绪虽然非常强烈，但不管大人还是孩子，都可以在富有爱意的支持下消化与接受那些"失去"，有些时候，"失去"甚至会升华成别的东西（比如一个早早失去患病母亲的孩子长大成为医生），孩子在经历这些坏情绪的过程中会逐步意识到，"失去"并不总是意味着结束，在"失去"一些东西的同时，又会得到新的认知与成长，而与此同时，有些事情则会持续很久，比如来自养育者们的爱。

养育者们如何可以在孩子经历"失去"时帮助他们面对这些坏情绪，建立起面对人生无常变化的底气呢？

首先，当孩子经历与"失去"有关的坏情绪时，养育者自己需要先面对那些与"失去"有关的体验，这句话说起来很容易，做起来并不简单。即使当我们自己经历悲伤委屈的时候，也会本能地想要逃开甚至否认它们的存在❶。不少养育者面对孩子的坏情绪与泪水时会说"不要哭"，但其实孩子在哭的时候，恰恰是在真实有力地表达悲伤和委屈。也许可以把"不要哭"转换成另一种表达，试着告诉孩子："看到你哭的时候我也很心疼，你一定难受极了。"这样简单的表达就足以让孩子知道自己并非在独自面对悲伤的体验，养育者并不幻想迅速"擦除"那些面对"失去"时自然而然流露的情感。

年龄比较大、已经具备语言能力的孩子可能会说："我心里不高兴。"这个时候养育者们可以试着温和而好奇地去了解不高兴的背后究竟是什么。同样是弄丢了一样东西，每个孩子可能都有不同的坏情绪：有的孩子是内疚——他会觉得"这样东西是爸爸妈妈买给我的，如果我把它弄丢了，似乎对不起爸爸妈妈"；有的孩子会感觉非常害怕——"我丢了这样东西，明天去学校会被老师批评吗？"；也有的孩子会很舍不得——那可能是他最心爱的一样东西，丢失了找不回来，真的很心疼。如果不能倾听到孩子不开心背后具体的原因，就没有办法真正聚焦于孩子的坏情绪。

养育者们也可以发挥创造力，用不同的方式去鼓励孩子表达自己的坏情绪，比如可以问问孩子："如果你看到一个小朋友和你一

---

❶ 详见第三章。

样难过，会对这个小朋友说些什么呀？"或者"你现在身体上有没有哪里特别不舒服？如果有的话你觉得这个部位想对你说些什么呀？"虽然这样的问询方式未必适合每个孩子，但当孩子感受到养育者对自己的关切时，至少就更有底气去面对与"失去"有关的坏情绪。

无论养育者觉得自己的安慰技能多么到位，都要允许孩子有足够的时空去难受一会儿，这样的过程可以帮助孩子自然缓解"失去"的痛苦，去回忆与反思过去的点点滴滴，从而更珍惜以后的时光。与"失去"有关的悲伤并非一无是处，而是能让孩子暂时休息一会儿，积攒更多的能量去面对未来的生活，把"失去"升华为新的成长动力。

第二，养育者和孩子一起去面对"失去"的现实很重要。

在面对"失去"的时候，人会本能地想要逃避现实。比如说，一样东西丢了，它可能真的是找不回来的，但当养育者自己无法面对这个现实时，可能会用缓兵之计之类的方式告诉孩子"明天早上你会找到的"或者"爸爸妈妈再给你买一个"。如果养育者的承诺无法兑现，那么对孩子而言，这些借口就变成了欺骗，在这样的过程中失去孩子的信任是得不偿失的。

孩子的现实功能很大一部分来源于养育者能在多大程度上正视现实。比如当家中添丁时，养育者们难免会有难以分配精力的感受，如果断然否认这些现实，不断试图否定孩子被冷落的体验，那么可能就失去了共同面对坏情绪的情感基石。我们在看到现实的同时，可以试着去承认每个人都有自己的局限，比如告诉孩子"我并没有魔法可以把你丢失的东西变回来"或者"我没有办法把一天分成48个小时，那样就可以既陪你很多时间也陪弟弟妹妹很多时间了"。

承认局限和现实的过程经常会令人感觉无力，但其实在面对现实之后，就有了更多空间去思考可以做些什么。

第三，让孩子有机会好好与失去的东西说再见是一个有意义的过程。

经常会遇到一些养育者问我：如果家里有重要的成员去世，是否要让孩子去参加追悼会？这种纠结除了有文化习俗方面的原因之外，很多时候是因为我们自己都处理不好自己心里的焦虑，因此会觉得孩子也无法面对。但对于孩子来说，为了稳固他们的客体永久性，我们有时需要给他们提供机会来让他们明白"失去的东西去了哪里"；有时告别的仪式能帮助孩子在心理上完成告别。

也许我们可以通过各种方式让孩子再也不去提及"失去"，但他内心始终是有困惑的：家中的那个长辈去了哪里？我的小玩具找不到了，它到底在哪里？即使是丢失了玩具，我们也可以告诉孩子："我们真的找不回它了，我们现在在心里和它说拜拜好吗？"这个过程是帮助孩子去区分现实和自己的愿望。孩子会意识到，现实当中"失去"真的是发生了。而当他承认这样的现实时，才会把注意力聚焦到"如何过好以后的日子"上来。

第四，在孩子经历与"失去"有关的坏情绪时，帮助他们重建生活的秩序感与可控感是重要的。

比如在经历"失去"的阶段，养育者们可以像在孩子小时候那样，每次分别时都认真地打招呼话别，比如对孩子说"爸爸妈妈去上班喽，我今天 6 点之前一定会回家的"，以及在日常生活中明确进行各项活动的时间，规律作息，等等，这样的一些方式能帮助孩子们恢复对于生活以及周围关系的可预测感。孩子们会逐渐意识到，虽然有一些东西是会失去的，但另一些东西还在那里。当养育者对孩子做出各种承诺时，要倾尽全力去实现。对孩子而言，稳定感与信任感都是面对"失去"时的灵丹妙药。

第五，和孩子一起去探索"失去"背后需要继续被满足的需求，一起思考可以通过哪些方式来满足这些合理的需求。比如当孩子因为弄丢了一个自己从小到大最喜欢的玩具熊而陷入坏情绪时，在充分进行了上述四项沟通之后，我们可以与孩子探讨："这个玩具熊对你而言究竟意味着什么？"如果玩具熊起到的是安抚作用，那么是否可以通过其他的方式也达到这一目的？比如等孩子情绪平复些，是否会愿意周末一起去挑一个新的玩具熊？

需要避免越俎代庖替代孩子去做一个决定，盲目压制住这些"失去"带给他的难过。千万不要说"你已经这么大了，不再需要这样一个玩具熊了，这样子实在是太丢人了"，这些表达会让孩子觉得非常委屈，会感觉自己真实的需求被爸妈所忽略了，可能会感觉到非常的孤独，"失去"所带来的坏情绪也可能因此而变得越来越糟糕。如果养育者们无视孩子的需求，以为孩子不会为这些小事而介意，孩子就失去了真正地审视与照顾自己的情绪的机会。

每个孩子都是一个小小的哲学家，他们在面对失去甚至死亡时所展露出的智慧，经常会令很多大人感到惊叹。养育者们能够好好陪伴孩子度过与"失去"有关的坏情绪，也是在向孩子示范如何尊重和关爱自己的感受，即使那些感受是"坏"的。

06/如何帮慢热、纠结的孩子说出"我可以"？

即使是即将上小学的大孩子，也依旧会有一些慢热、纠结的时候，在面对新环境、新活动、新同学时，一些孩子的反应并不如养育者所愿，他们可能看起来充满了退缩与怀疑，这种状态会让养育者们更加着急：我的孩子是不如别家孩子吗？孩子看起来胆子小，是不是养育过程出了什么问题？

养育者们都希望孩子可以拥有强大的自尊、自信去独立面对各种新挑战或新事物，希望孩子在进入新环境时，能够大声地说"让我来试试"。但是每个孩子与新事物建立联结的方式天然就是不同的，而当相对慢热的孩子承受来自环境及养育者的双重压力时，坏情绪就会如影随形。

当孩子在经历这样的过程时，他的内心会有一句潜台词："如果我去做了，那会怎样？"这样的一个小问题在我们看来似乎很简单，但对于孩子来说，可能会幻想出无数种可能性，而最终使他怀疑、纠结、止步不前。

孩子感觉自己难以去尝试一件新事物的原因，有时可能和我们想的并不一样。我们可能以为孩子不去做是因为害怕自己做得不够好；但也许对孩子来说，让他害怕担心的地方也许是养育者们意识不到的，比如曾有孩子告诉我，他之所以不想尝试游泳，是因为他觉得把脚放进冰冷的水里非常不舒服。这位孩子的爸爸后来给孩子买了一双溯溪鞋，让孩子先穿着溯溪鞋去玩水，这种做法一方面让孩子以自己舒服的方式与水建立起了联系，另一方面又让孩子感受到自己的坏情绪是被养育者所尊重的，一周后，孩子就开开心心下水和大家一起上游泳课了。即使是心理咨询师也未必能想到其中缘由，某种程度上当孩子有机会言说自己的真实感受时，就有了一些空间去为他们做些或者不做些什么。

在另一些时候，孩子可能会把在其他地方和养育者结下的"梁子"，带到当下的情境中。比如有的孩子在练琴的过程中被父母粗暴地批评过，那么当他在尝试一项新的学习内容时，可能会很担心自己做得不够好，又要被爸爸妈妈批评，因而拖延了尝试新事物的脚步。

孩子止步不前的背后，有时候也许是在担心养育者是否能接受其"不会""不好"的样子。在这种情况下，养育者一方面可以在生活中有针对性地认可孩子点点滴滴的进步，一方面也可以自己去尝试一些新的东西，比如学习如何滑滑板，孩子会有机会在这样的过程中观察一个大人是如何在尝试新事物的过程中坦然面对自己的"不会"的。

也有一些孩子可能会因为分离焦虑而拒绝去做一些新的尝试。比如当家里有亲属去世的时候，有些孩子到陌生环境时会显得格外敏感，会不愿意脱离养育者去尝试新的东西。在这些暂时性的压力情境下，孩子更需要在熟悉的体验中去蓄积能量，而不是在新领域开疆拓土。养育者越是可以耐心应对孩子暂时的行为退行，就越会见证孩子如何从中汲取到新的朝前发展的力量。

要帮助一个慢热、纠结的孩子从坏情绪中发展出"我可以"的底气，养育者们可以试着从以下四条原则入手：

第一条听起来有些反直觉：当孩子在经历慢热、纠结的时候，养育者先不要忙着去改变他当下的状态，而是让孩子感觉到一种安定感——"即使我在旁边怀疑一会儿，纠结一会儿，也不会被嫌弃或者被惩罚"。"后方"安稳了，孩子才能安心朝前走。

一些孩子天然会通过不同的方式去"吸收"周围正在发生的新事物，比如带孩子去进行一项新的体育运动——进入一个攀岩馆或者开始一堂篮球课，有的孩子可能在头几节课，都会选择旁观而不是参与。在养育者看来，慢热、纠结的孩子可能在思考要不要加入，但与此同时，孩子也可能正像一块海绵似的在不断吸收着新的信息。而当他感觉自己准备好、能够真的去行动的时候，所表现出来的状态会让所有人都大吃一惊——原来他早就会了！

即使孩子并没有"不鸣则已，一鸣惊人"，当养育者们能充分允许孩子用熟悉的节奏去接触新事物时，孩子的自我效能感也会进一步增强；而他们对于自己学习能力的自信，也会鼓励他们尝试用更多不同的方式去进行学习。一个在当下更多习惯于通过观察去进行学习的孩子，可能会在累积很多自信心与自尊感之后，开始尝试用更加积极的方式，去参与到各种活动当中。

有意思的是，我发现一些6岁以前总体慢热纠结的孩子，倘若可以在养育者的支持下拥有足够多的观察探索空间，他们在进入小学后往往会在适应新环境后爆发出很大的潜力，他们似乎更有内在驱动力去以自己的节奏探索世界。

养育者们面对孩子慢热、纠结的第二条原则，是要和孩子难以言说的原因"待在一起"，去看看孩子慢热、纠结的背后是否有一些与"关系"有关的原因。

也许养育者可以引导孩子去进行这样的表达："当你想到自己参与进去的时候，有什么你担心的状况吗？"有时候，相比于要求孩子不情不愿快速融入一个情境，提出一个问题会让孩子感觉到有一些空间去谈论内心不安的部分。有的孩子可能会说："我担心自己做得不够好，你会批评我。"或者"我担心被小朋友笑话。"或者"我担心会摔跤，那会很疼。"

针对孩子不同的顾虑，养育者们可以相应给予不同程度的支持与澄清。比如在一些情况下去修补和孩子的关系，可以对孩子说："也许上一次爸爸因为很着急，所以在你没弹好琴的时候骂了你，但事后爸爸自己也觉得这样是不妥当的，你已经非常努力了。而我需要看到你努力的部分与进步的部分，希望你可以原谅爸爸那一次的冲动，我非常鼓励你此刻去尝试一下新的东西，无论你做得好或者不好，你都是我最爱的宝贝。"

有时候也许可以帮助孩子换位思考，比如询问孩子："如果班上小朋友学不会这项技能，你会怎么看待对方呀？"不少担心被其他孩子嘲笑的孩子会慢慢意识到，如果因为"不会"一些东西而被嘲弄，这并不是他们自己的问题，集体环境中对他人友善是基本的相处前提，他们无须通过擅长一些东西来博取他人的尊重。

在现实层面而非心理层面去支持孩子尝试新的事物也是重要的，比如当一个孩子战战兢兢去学滑雪时，事先和孩子一起挑选喜爱的护具可以帮助孩子在面对未知与不可控时多一些主观能动性与可控感，去感受到自己的焦虑是被养育者看见与呵护的，从而有更多心理底气去应对挑战，去承受尝试新事物过程中可能遇到的波折。孩子们可以逐渐在一次次的尝试中获得更强的自尊与自信。

养育者在面对慢热、纠结的孩子时可以做到的第三条，是创造机会让孩子观察大人们是如何应对新事物的，或者与孩子一起合作去面对一些新的领域，比如可以全家一起去尝试一样大家都不会的体育运动。当孩子和大人们一起经历与消化对于新事物的不习惯、不适应时，他们也将有机会去观察与模仿养育者们面对未知、焦虑时的处理方式。有时候，养育者在面对新事物时适当在孩子面前出出丑，和孩子一起面对自己的错误，放声大笑一下，这样的体验也可以让孩子放松一些，减轻尝试新事物时的焦虑、挫败感。

而当养育者观察到孩子真的在为跨出舒适区做出一些努力时，一定要给予合适的鼓励，比如告诉孩子："我注意到你非常勇敢地去尝试了这项新的活动，无论结果如何，你可以为自己跨出这样一步，非常令人为你开心。"

最后一条但也非常重要的原则是，面对一个慢热、纠结的孩子，养育者要始终允许他们有"退回来"的空间。

正如本书第二章所提到的那样，当孩子进入一个新的环境或尝试新事物时，难免会有压力很大的时刻。在这些压力很大的时刻，孩子可能会无意识地想要退回到一个小宝宝的状态，会想要自己再在旁边纠结一会儿、观察一会儿，这些都是可以被接受的。有的孩子在刚上小学时会有短暂的不适应期，会像刚上幼儿园那样，回家时出现各种行为上的倒退，比如夜醒变多、挑食、易怒等等，这些变化都是暂时的，一般会在2～4周内自动消失。如果养育者能给予充分的时空让孩子经历行为的倒退，这个阶段很快就会过去，而慢热、纠结也会在一次次操练与尝试中，最终升华为自尊、自信。

心理咨询室对一些孩子来说也是陌生与未知的，来到心理咨询室的孩子中有不少会在慢热、纠结中开始探索与我的工作节奏。而在这个过程中，我也几乎会遵循上述四条原则来与孩子建立关系：接受孩子的慢热期，持续探索画外音，与孩子一起去冒险"犯错"，接受孩子有需要"退回来"一些的时刻。即使是一开始极其胆小羞怯的孩子，也可以在这四条原则的支持下以自己的节奏与风格去探索新事物。养育者们在面对孩子与慢热、纠结有关的坏情绪时，也许是可以借鉴这些经验的。

07／当孩子被欺负时，如何鼓励他主动思考与应对？

　　孩子逐渐长大，进入更为复杂而真实的世界，那也意味着逐步走出照料者精心营造出的"粉红泡泡"：孩子们很快会意识到，世界上并不是所有人都会像家里人那样呵护他们。不少孩子也许很早就会在一些公共游乐场里经历其他同龄人的"入侵"，比如被抢玩具，甚至经历语言暴力——这会让孩子心里很不好受，照料者们也会在当下经历非常矛盾的体验：比如当孩子被打时，是该教孩子打回去，还是选择让孩子离开？

　　孩子被欺负的经历经常会激活照料者们自己的一些陈年记忆：大人们可能会无意识地想起自己小时候是怎样被别人欺负的，而当时的自己又是怎样去进行各种各样的回应或者忍耐的。回忆这些部分会带来各种各样的体验：有的大人可能会希望孩子不要像自己当年一样忍让，要学会打回去；有的大人会体验到当年那种无力感，下意识想要回避，不知道怎样帮助孩子去面对这样的局面。

　　照料者们诚实面对自己的内心反应是非常重要的，不妨思考一下：如果可以穿越时空回到童年，在被别人欺负时，我们会希望自己的爸爸妈妈说些或者做些什么呢？

　　哪怕一时半会儿没有特别清晰的想象，可以确定的一点是，孩子无论在经历着怎样的坏情绪，知道这些坏情绪能被大人们"看见"是很重要的，这样他至少就不是独自在承担那些难受的体验。这一点可以通过帮助孩子命名当下正在经历的情绪体验来实现，比如"你很想和那个小朋友玩，但那个小朋友却不带你玩，这可太让人伤心了"或者"玩得好好的就被插队了，真让人生气"。很多时候，仅仅是用平实的语言描绘出孩子经历了什么以及当下的情绪体验可能是怎样的，就已经起到了一定的安抚作用，因为这会传递给孩子一个简单而重要的信息："大人们已经看到我的难处了。"

　　有些孩子在感受到周围人的情感支持时会有能力自己想出一些办法来应对状况。比如当一个孩子抱怨某位朋友搞小团体不理自己时，也许在接收到来自周围大人的情感支持时，就已经会自我鼓励说："就是，又不是我做错了啥，大不了明天我找别人玩。"但有些孩子可能一时想不出怎么办，这种情况下，大人不妨先和孩子讲讲自己小时候有类似经历时的体验与故事，鼓励孩子就故事本身去展开一些思考，比如"如果你是当年的我，会选择说什么、做什么？"有时候孩子思考自己的问题会觉得很焦虑，但思考别人的问题时会放松一些，通过这样的方式，我们也有机会帮助孩子看到，在当下的情境也许能做些或者不做些什么。

当语言能力发展完全的孩子经历坏情绪时，我也会非常鼓励照料者们在孩子的情绪平复下来之后，尝试和孩子一起去经历"心智化"的思考过程，也就是通过换位思考去讨论当时到底发生了什么。比如当孩子经历了别的孩子的言语羞辱时，除了明确告诉孩子没有人可以用这样的方式对待他之外，也可以问问孩子："你觉得他那一刻为什么要这样对待你？"我们可以帮助孩子看到，许多暴力对待他人的孩子内心经常感觉（自己）弱小与恐惧，他们无法承受那些让自己感觉弱小的体验，以至于要用欺负别人的方式来回避那些感受，或者让别人体验这些弱小的感觉；也可以帮助孩子意识到，有不少欺负他人的孩子，自己很可能有不少被欺负的体验。在帮助孩子去进行思考的时候，也需要非常清晰地给孩子传递一个信息，那就是"被欺负并不是你的错，无论两人之间有怎样的冲突，用言语或行为去暴力对待他人都是糟糕的"，当大人们可以非常清晰地表达出这一点时，孩子就更有能力在一个安全的框架内去进行思考。

面对日渐长大的孩子，尤其在他们面临越发复杂的人际关系冲突时，养育者们不妨试着后退一步，鼓励孩子们去进行更多主动、积极的思考，比如可以告诉孩子："虽然被孤立不是你的错，但我们依旧可以一起去思考如何更好地保护你自己。"当家长抢先一步主动"教孩子"怎么做时，潜台词是"你自己处理不了，我得教你"，但当留出空间启发孩子主动去思考问题的答案时，这也是在鼓励孩子"你是有能力去处理这样的局面的"。

照料者们也需要注意的一点是，孩子正常发展过程中必然会在不同人生阶段经历大大小小的人际冲突，让孩子在可以耐受的范围里去经历这些冲突并不是坏事，不用过度保护。这个"不用过度保护"，是指孩子在和同龄人的交往中，很多时候有能力自己去处理一些比较轻微的冲突，只要不是危害身心安全的状况，不妨让孩子试着自己去解决与面对。如果大人每次都挡在一个弱小的孩子面前，某种程度上是在无意识层面告诉孩子："你是没有能力保护你自己的。"这样的心理标签一旦固化，孩子就会用一种"我无法保护自己"的人际交往模式去与周围人建立关系，反而更容易变成集体中被欺负的人。

在一些二孩家庭中，两个孩子之间的差异可能会导致一方孩子经常被欺负。这时候如果爸爸妈妈过度干涉，可能会对他们双方的成长都造成影响：一方成为"小霸王"，另一方成为"受害者"。也许可以尝试对孩子们说："你们为了一个玩具而大打出手，我不允许你们互相伤害，我会把这个玩具保管在我这里，直到你们可以商量出一种方式，让彼此都能接受，并且不再打架。"把规则制定的过程留给孩子，久而久之，他们就会更自信地去面对日益复杂的关系局面。

在另外一些情况下，一些孩子被欺负后，坏情绪的表现并不是大哭大闹，而是格外回避或沉默。孩子不愿意和爸爸妈妈沟通被欺负的过程，原因可能很多，有些时候孩子羞于谈论这一部分，因为那可能会让他感觉自己是弱小的；也有些时候他们会担心爸爸妈妈做出一些过激的举动来使他难堪，比如带着他去寻找到那个肇事的小朋友并且理论。当孩子被欺负时，养育者难免会焦躁，但在那一刻，继续保持倾听孩子的姿态是重要的，我们需要让孩子体验到情绪层面上的安全，让孩子充分相信在家庭内部有空间去自由表达自己正在经历什么，并且知道自己身后总是站着自己人。

如果一个孩子不管在怎样的环境下都容易成为被欺负的对象，那么养育者也可以观察一下自己在家里与孩子互动的方式，比如是否给孩子留有足够空间，让他为自己做决定，而不是遵从大人们给他的一切设定。

当一个孩子内心是充满力量与自信的时候，那些爱欺负人的孩子往往不敢去欺负他。如果一个孩子平时在生活当中就没什么机会对爸爸妈妈说"不"，这种关系模式会被无意识地"移植"到集体环境中，以致孩子更容易成为被控制、被压制的人，并且很难在那样的情境下说"不"。有些孩子可能因为缺失了这种对他人说"不"的能力，而白白当了很多年的受害者。一些养育者百思不得其解——自家孩子什么都好，为什么大家都要欺负他？也许这正是一个信号，让人有机会去反思养育关系中究竟发生了什么。

当这些缺失可以被看到时，孩子被欺负时的坏情绪，就转化为了一种共同成长的契机，虽然被欺负令人气恼，但在充满爱意、智慧与勇气的关怀下，孩子可以经由这类事件发展出更多的内心力量，有更多经验去面对人际关系中的冲突。这种能力对于他们未来走向青春期是至关重要的。

★ 情绪小课堂

问题 1：大的要让着小的吗？

严艺家：如果养育者们把"让着老二"作为一种道德标准去要求老大，这可能会让老大更加反感。如果希望老大能给予同胞手足爱与尊重，那么首先需要让老大体验到养育者们对他的爱与尊重。

问题 2：孩子有攻击性和各种各样天马行空的想法，是危险的事情吗？

严艺家：当养育者可以带着接纳与智慧的态度陪伴孩子度过撒谎、恐惧的时刻，他们就会慢慢开始接纳自己内心世界的种种部分，包括他的攻击性以及他的幻想。孩子会逐渐意识到，拥有那些攻击性和各种各样天马行空的想法并非危险的事情；一个人是可以把那些愿望以很多种合理的方式实现的，比如写文章、演讲、绘画、体育、玩耍等，所谓的"悲愤出诗人"正是描述了这样的一些可能性。

问题 3：当孩子问"人会不会死"的时候，父母如何应对？

严艺家：养育者们在和孩子谈论死亡时，需要做出一些力所能及的"承诺"。比如当孩子问"妈妈你会不会死？"时，我们可以回答他："每一个人都会死，但我会到自己很老很老的时候才死去。那个时候的我可能已经老到连路都走不了，连饭都吃不了。而那个时候的你，一定已经具有足够多的能力，好好地生活在世界上，也会有其他的人像我一样爱你。"

问题 4：在面对新环境、新活动、新同学时，孩子总是止步不前，是出了什么问题吗？

严艺家：孩子止步不前的背后，有时候也许是在担心养育者是否能接受其"不会""不好"的样子。在这种情况下，养育者一方面可以在生活中有针对性地认可孩子点点滴滴的进步，一方面也可以自己去尝试一些新的东西，比如学习如何滑滑板，孩子会有机会在这样的过程中观察一个大人是如何在尝试新事物的过程中坦然面对自己的"不会"的。

第七章

用充满爱意与智慧的关怀，
陪伴孩子从小世界走向大世界

01/如何帮助"不思进取"的孩子重构内驱力？

孩子们渐渐长大，养育者们的期待也会随之增长：到了孩子 6 岁以上，大部分养育者都会期待孩子表现出对学习的热情与自律。虽然有极少比例的孩子似乎天生就内驱力强劲或者开窍较早，但大部分孩子似乎会让养育者怀疑：我的孩子真的不思进取吗？比如有的孩子不肯练琴、写字，或者即使不情不愿做了这些事情也会潦草完成，像是在和大人们对着干似的；也有一些孩子会在与学习有关的事情上撒谎，明明没有完成任务，却想瞒天过海，被拆穿后恼羞成怒；还有一些孩子会开始和大人顶嘴，用执拗拒绝的态度面对作业与练习。

"没有一个孩子不想成为好孩子"——这是我和许多孩子在心理咨询室里进行深度沟通后的心得。换句话说，当一个孩子看似对"不思进取"心安理得的时候，也许背后有一些更深层次的原因值得探索。

首先，许多孩子的"不思进取"与年龄阶段有关。对于一个 6 岁左右的孩子来说，能定心写字 5 ~ 10 分钟已经是很不错的专注力表现了。在这个年龄段，那些看似能一两个小时学习操练某项技能的孩子要么是出自原始的内心热爱，要么是有一些别的外在因素使他们能做到这一点，比如为了得到物质奖励，或者出于对养育者的恐惧或者讨好，但这些因素都会让孩子付出某种形式的心理代价，并不是真正的内驱力。当孩子的坏情绪与内驱力有关时，养育者不妨先自问一下：我对孩子的期待是他在这个年龄段能自发做到的吗？

其次，当一个孩子正在疲于应付很多更消耗精力的事情时，也有可能出现与"不思进取"有关的坏情绪。一个成年人在身体不适或者有许多烦心事的时候都难以启动或完成各种任务，孩子们就更不用说了。一些孩子会在家庭成员彼此之间的关系紧张时学习状态不佳，也有可能在自己身体不适时无法调整到良好的学习状态。我并没有查阅过相关的学术研究资料，但是在和一些看似"不思进取"的孩子工作的过程中，我发现他们中大部分人都有严重且长期的鼻炎——我猜测鼻炎在某种程度上会让孩子经常处于大脑缺氧的状态，从而导致那些走神、犯困的情形（排除神经多样性❶特质）。一些晚上睡觉过晚❷的孩子也有可能会在白天完成学习任务时看起来散漫无章，但在提前上床睡觉的时间后，不少养育者会观察到孩子面对作业时的积极性明显变高了。在一些家庭中，如果养育者们互相之间关系紧张，孩子也有可能无意识地通过自己的"不思进

---

❶ 神经多样性（neurodiversity）包括但不限于注意缺陷多动障碍、孤独症谱系障碍、学习困难等先天神经特质所致的状况。

❷ 各年龄段建议的科学入睡时间可参考美国睡眠医学会发布的各年龄段入睡时间建议，以及中华人民共和国教育部办公厅发布的《关于进一步加强中小学生睡眠管理工作的通知》。

取"来吸引大家的注意，转移矛盾，让大人们忙于对付自己而非对付彼此，这种情形是令人心疼的。

第三种较为常见的情况则是孩子的自我调节功能与内驱力并不匹配。 简单来说，孩子希望自己能做得更好，但在遇到挫败、无聊、沮丧之类的感觉时，尚未拥有足够完善的情绪调节能力来应对这些阻力。帮助孩子发展出适配内驱力的情绪调节功能可以从以下三个方面下手：

1.培养信心，设定容易被完成的目标，让孩子多多体验成就感，帮助孩子看到自身努力与结果之间的关联，构建孩子内驱力的"底气"。

2.培养习惯，循序渐进，帮助孩子在养成习惯的过程中不断强化恒心与耐心。比如对一个6岁的孩子来说，哪怕从每天固定5分钟时间好好写字开始养成做作业的习惯也是有益的。如果孩子暂时无法整理自己房间的每一个部分，可以让孩子先从整理铅笔盒开始体验成就感。当养育者能帮助孩子把远大的目标拆解成一些小的、可实现的目标时，就能帮助孩子把"做事情"的体验塑造成良性循环的过程，让孩子感觉"做事情"没那么难，"做事情"是可以被坚持下来的。

3.尽可能把学习和练习的过程变得有趣。有些孩子"不思进取"的背后是对于死板教学形式的厌倦与反抗。若想要孩子有自主学习的内驱力，养育者和老师也需要投入热情把操练与教学的过程变得尽可能生动有趣。

当孩子已经身处与作业或练习对抗的情绪中，对着干是不明智的，如果能让孩子在此刻起身走一走、运动一下，或者洗个澡，都能帮助孩子从拧巴、较劲的坏情绪中平复一些。大部分养育者知道要从孩子的情感入手去调节孩子的行为，例如许多养育者相信，如果孩子明事理，就会好好做作业——脑子明白了，身体会跟上，我们把这个过程叫作"自上而下"的自我调节方式。但许多养育者忽略的是，其实"自下而上"的自我调节方式在应对孩子的坏情绪方面也非常有效，也就是说通过调动孩子的身体活动，来让孩子的情绪得到调节。有些孩子放学回家想先玩一会儿再做作业，其实就是"自下而上"的自我调节方式，并不需要死板遵循"做完作业才能玩儿"的规则，帮助孩子设定好做作业前放松休息的时间，也不失为一种帮助孩子调节内驱力的方式。

每一个努力学走路而不知疲倦的孩子都提醒养育者们，内驱力在某种程度上也是天生就有的。在与"不思进取"有关的坏情绪中，往往封印着当下无法全然启动的大脑能量，而解锁这些能量的密码，正是来自"尊重"与"安全"：尊重孩子的发展规律，尊重孩子的大脑运行规则；给孩子提供身心安全的环境，让孩子可以在安全的体验中去玩耍与创造。

02/孩子磨蹭拖延不写作业，更深层的原因是什么？

几年前我曾为某中学生创新研究挑战赛担任现场答辩评审，那一年有好几支来自顶尖高中的社会实践小队在主办方给出的上百个研究领域中选择了研究拖延症问题。可以想象的是，在不少家长为孩子磨蹭拖延而着急的同时，孩子们自己对此是有所意识的，他们也很希望搞明白拖延的背后究竟是什么，是否有方法可以破局。那一年我对每支研究拖延症的高中生小分队都提了同样的三个问题：

1.拖延究竟是不是一种疾病？

2.你是如何做到一边拖延一边如此优秀的？

3.人有没有拖延的权利？

当孩子们被问到这些问题时，表情是错愕的，似乎他们并没有思考过，当大喊着"战胜拖延""克服拖延"的时候，拖延行为对于我们究竟有何种意义。诚然，拖延经常会使人付出代价，比如在许多人的想象当中，如果一个人时刻保持精密高效地运作，也许能取得的成就会比此刻更高一些（尽管我并不确定这是不是现实）；另外，尽管很多时候拖延未必导致严重的后果，但会使一些人消耗不少情感层面的能量，例如在拖延的过程中体验到内疚、羞愧、自责，或者经历人际关系的紧张与冲突，典型的例子就是亲子关系在面对拖延行为时所经历的张力。

也许正是因为拖延看起来如此面目可憎，人们在描述这种行为时加上了"症"，大量行为主义的训练方式试图全面消除拖延行为，以帮助更多人迈向想象中的人生巅峰。在形形色色的临床心理诊断标准中，拖延并没有作为异常心理诊断中的单一疾病存在过，即使它有时候看起来损伤了一个人在工作、生活、社交层面的功能性，但充其量也就算是一种症状表现而已。症状皆有意义，当一个人声称自己受困于拖延行为，或者周围人的拖延行为令人感到困扰时，首先需要思考的是，对那个个体或那段关系而言，拖延究竟意味着什么。

让我们来仔细回想一下，人大约是从什么时候开始出现"拖延"这种行为的。

在小婴儿的世界里并不存在拖延，饿了就吃，累了就睡，看见想要的东西就拼命过去，这种毫无拖延可言的状态从表面看充满了蓬勃的生机，但也许形成这种状态的原因并不那么浪漫：在小婴儿的大脑中，主管着预测、执行与冲动控制的前额叶皮质都是未发育完全的状态，以至于发挥与等待、三思而后行、延迟满足相关的能力几乎是天方夜谭。

随着大脑慢慢成熟起来，儿童开始有能力在行动与满足之间拓展出一个中间地带，例如当一个孩子看见一片池塘，他所做出的反应并不是即刻把脚伸下去，而是站在岸边思考一下，观察一下周围人的反应，再决定自己是否要进行下一步的探索。我想很少有父母会对这样的中间地带表达异议，大家更倾向于认为这是孩子开始具备审慎思考能力的迹象，孩子的思维过程已经使其能够延迟将那些试图满足自己的冲动付诸行动，以实现自身发展过程中的利益最大化。

那么当"延迟"演变为很多父母嘴里的"拖延"时，究竟发生了什么微妙的变化？

早在1911年，精神分析界的鼻祖弗洛伊德就在文献中写道："当满足需求的事物缺失，拖延就会发生。"一个孩子迟迟不开始写作业，可能的原因是，完成作业这件事实在无法给他带来满足感；但孩子又快又好地完成作业兴许能给父母带来极大的满足感。一句民间俗语高度概括了这种因为需求不一致所产生的关系冲突：皇帝不急太监急。

很多时候父母会一厢情愿把自己内心的满足等同于孩子内心的满足，比如立刻把房间收拾干净这件事给父母带来的满足感可能远远大于孩子，这种情况下，两个可能的出路是：①父母正视现实，主动采取行动把房间给收拾了，自我满足一下，放过孩子；②围绕收拾房间这件事，尝试和孩子一起发展出新的满足感，例如主动收拾干净房间可以有额外的零花钱，或者采取其他任何能让孩子得到满足与认可的鼓励形式。

如果拖延行为只是上文所提到的因为缺失满足感所致，那人心也实在是太简单粗糙了一些。人心的复杂精妙之处在于，拖延行为本身有可能会在无意识层面带来诸多满足感。如果把拖延行为比作一座冰山，刚才提到的只是水面上可见的一角，让我们借由文字，一起坐上无意识的潜水艇，下潜到主观世界的深处探索一下，那座更为巨大而不可见的拖延行为冰山里究竟有哪些可能性。

1. 拖延与攻击

当孩子拖延磨蹭，迟迟没有去做一件事情时，你的感受是怎样的？大部分父母的描述中包括着急、焦虑、憋屈，并且无一例外会提到"愤怒"这种感受。如果我们换位思考一下，也许就不难联想到这种令人内伤累累的感受从何而来：想象你在职场中有一位无时无刻不要求多多、严厉苛刻的上司，你心中对他积怨已久却又难以公开对抗。某天，对方让你迅速完成一项事务，这项事务看起来对你没有那么重要，但对他而言很重要。那一刻你感受到来自权威者的压迫感与被控制的压抑感，但是又不知道该如何反抗，甚至开始着手做这件事情本身都让你极不情愿。在这个过程中，这位上司时不时来询问进度，表达他对你尽快完美完成任务的期待。当你无法达到上司的期待时，他表达失望和勃然大怒的样子真可怕，可你心中似乎又有一丝莫名的快感：尽管很多时候他把你当作牵线木偶那样操纵着，但此时此刻你突然意识到，只要你不那么配合与积极响应，对方也可以被你的行为所激怒，看起来你也是可以操纵对方的——这就成为经典的"被动攻击"模式，用大白话来说，这是有意无意在用被动消极的方式来攻击令自己不那么爽的人，较为弱势的一方可以借由这样的方式在权力斗争中处于"看不见的上风"，并且让对方体验到自己心里长久以来淤积的情感——通常是一些和愤怒有关的感受。

如果这样的隐形权力斗争在亲子关系中已经出现，也许首先需要思考一下在孩子的日常生活中，有多少空间与时间是可以完全由他自主决定步调与节奏的。不管竞争文化多么盛行，学业多么紧张，每个孩子在每一天都需要有固定长度的、可预测的时间段能够完全由他自己来决定做什么（或什么也不做），即使只有十分钟也是必要的。在力所能及的范围内，如果有机会让孩子诉说、表达对父母及老师管教的不满与愤懑，用语言而非付诸行动的方式纾解攻击性，也仿佛是让充满压力的高压锅能时不时释放掉一些气体（拖延行为是无处释放的攻击性的出口），那么情感的交流也许可以承载一部分攻击性的表达，这种情况下，拖延再也不是表达这些内在感受的唯一渠道了。

2. 拖延与自恋

有的时候，拖延也可能是为了无限接近心中那个完美的幻想。这种状况在一些对自己要求颇高、追求完美主义的成年人与孩子身上可以被观察到："如果不确定做出来的东西是不是完美的，我宁可不要开始去做。""只要不把这件事情做完，我就可以一直活在一个关于完美结果的幻想中。"与消极怠工以表达不满的拖延行为不同的是，这种由完美主义而导致的拖延恰恰是太想把事情做好了。如果孩子或成年人的拖延中具有这样的意味，去探索"不那么完美对他而言意味着什么"就变成了关键问题。比如对有的人来说，做事不够完美意味着需要接受惩罚；而对另一些人来说，则可能意味着会自我感觉一无是处，或者感觉失控、无助等等。去重新认识与建构"不完美"所引发的感受，这个过程兴许能帮助这些大人与孩子去享受更自由的行动状态。

在另一些情况下，与自恋有关的拖延还表现为享受"踩线"的快感：如果一个人总是能拖到最后一分钟才完成任务，听起来也是功能性极强的状态——这是需要多么强大的自制力、全局观及心理素质才能达成的状态呀！在一些看似玩世不恭的学霸身上，这种状态经常会被观察到。如果一个人在这样的过程中并没有背负沉重的情感负担，那么拖延就更像是一种用来游戏与证明自己的手段，除了周围人兴许有点恨铁不成钢之外，并无大碍。

3. 拖延与自我调节

在开始一项具体的工作之前，或者在完成工作的过程当中，玩手机、看八卦，或者磨磨蹭蹭地摸摸这个、吃吃那个的状态有没有意义？很多时候把目光从具体的事务上移开，投注到另一些并不相关的领域中，其实是一个人自发的自我调节过程，目的是通过暂时回避来自任务本身的刺激，积攒一些心智能量，然后重新回归到需要巨大能量才能完成的事务中。一些孩子做作业时无意识地搓衣角、挖鼻孔，时不时走出房间喝水之类的行为都是自我调节行为。换句话说，这些被许多父母视为眼中钉的"小动作"或"注意力不集中"恰恰起到了重要的作用：对一些孩子而言，他们需要通过这些无意识层面上的小动作才能继续待在一个需要大量思考的情境中，看似在拖延，其实是为了前进。如果这个过程引发了更多的矛盾与冲突，当下情境中的压力蓄积到了难以消解的程度，拖延兴许又会演变成上文中提到的"攻击"。

孩子的自我调节方式在不同年龄阶段会逐步进化，例如吃手是小婴儿普遍采用的自我调节方式，但高中生们会在无意识中把这种方式进化成用手来转笔。如果自我调节方式并不损伤自己的功能性（如果一个人经常玩手机，但工作或学业依旧表现不错，那么这就是无伤大雅的自我调节方式），且不影响周围人（如果学龄期儿童的小动作会对他人造成影响，那么就需要考虑发展另一些不会影响他人的自我调节方式），那么这种自我调节式拖延是可以被允许存在的。

4. 拖延与获取关注

如果孩子经常因为拖延而无法发挥足够好的功能性，也有可能是在通过这样的方式获取周围人的关注。如果父母回家就捧着手机，和孩子缺乏交流，或者对孩子的成就与进步视而不见，只有当孩子的行为出现问题或不完美时才会有所反应，通过不那么好的表现让父母看见自己也许就会成为孩子无意识层面的表达模式。在一些关系紧张、正在经历重大变故的家庭中，孩子的拖延有时候也是在无意识地转移周围人矛盾的焦点，仿佛是在诉说着"大家都冲我来，我有那么多毛病和问题需要你们看见，这样你们互相之间就不会有矛盾了"。

并非所有的拖延行为都有这样的诉求，但拥有良好的家庭关系底色是每个孩子自在成长的必要条件，只有周围的环境足够安全，孩子才能以健康的节奏去完成心智成长道路上的阶段性使命。

5. 拖延与成功焦虑

成功有时候令人感到焦虑。这种反直觉的情形在生活中及文学作品中都并非鲜见，例如莎士比亚笔下的哈姆雷特就是一个典型的例子，他似乎有许多机会以更加"短平快"的方式杀掉弑父仇人，但这场姗姗来迟的复仇成为文学史上的经典拖延情境，也许在成功杀掉仇人的那一刻，哈姆雷特还需要面对的是彻底与父亲分离的心理现实：尽管在物理意义上父亲早已死去，但复仇使他在精神层面上始终活在哈姆雷特的心里；当仇人死去，这也意味着哈姆雷特必须告别过去，真正进入孑然一身的状态（文学作品中哈姆雷特在这个过程中还失去了爱人与母亲，在象征层面上表达了成功与孤独的主题）。

现实生活中，一些孩子或成年人在面对取得成功的可能性时犹疑不决，在无意识层面会通过拖延来使自己远离成功，如果深度探索这种看似拧巴的状态，会发现对其中一些人来说，成功意味着一些除了喜悦和满足以外的感受，例如被贬低（"考100分一定是因为这次卷子太简单了"），也有可能意味着内疚（"要不是我为你付出那么多，你哪里会有今天"），还有可能意味着分离（"你翅膀硬了，总有一天会离开我的"）……如果这些情感代码被写入了和成功有关的程序中，那么延迟甚至避免启动与成功有关的程序似乎就成为无意识的选择。

对于这类拖延行为，需要重新建构对成功的体验及感受，去哀悼和接受伴随着成功而来的丧失，这样的心理成长过程远比寥寥几行文字要来得复杂。

如果有机会研究每个孩子或成年人的拖延行为，有可能会发现文中所提及的一种或几种情形，也有可能会出现本文所没有提及的一些精神动力。拖延行为是洞察人性与内在需求的一扇窗口，如果必须要减少拖延行为，思路也许并非像使用橡皮擦那样通过一些方式迅速抹去拖延行为，而是更富建设性与创造性地去表达与满足拖延背后的那些心理需求，这样，拖延就不会成为别无选择时的选择。

我想以一个生活中的故事结束本文。从某年开始，孩子的学校开始实行提前布置作业的机制，每周一老师会告知整周需要完成的作业以及每天需要交哪些作业。某天我忍不住问孩子："为什么你不提前把后面几天的作业做完，这样玩的时候不是会更安心一些吗？"8岁的孩子瞪大了眼睛看着我说："我每天都有按时交作业，自己都安排好了，有没有提前做完后面的作业并不影响我现在玩得开心呀。"那一刻我突然意识到这也许是我自己的问题：作为一个资深的拖延症"患者"，在截止时间的最后一刻完成任务似乎是我工作生活中的常态（尽管能完成的事情与工作量极多，功能性并没有因此而受损）。真正让我冲突的是拖延过程中会承受的内疚与自责，当事情没有做完时，会觉得无法享受生活。在接受了几年的精神分析之后，我并没有完全停止拖延行为，而是学会了心安理得地拖延，和我的孩子一样，能够在还没完成所有事情的时候去安心干点别的。

但突然有一天，在我们即将出门旅行前，我发现孩子正在一门心思写作业，并且头也不抬地对我说："我想试试把作业都写完了再出去玩，好像那样子的确可以玩得更开心一点。"

我不知道有这样的觉悟对孩子而言到底是一种成长还是限制，身为母亲，看见孩子能自觉高效完成作业当然是欣慰的。但更重要的是，孩子似乎可以自主选择拖延或不拖延的状态，在不同状态间穿梭切换，拖延并不是奴役人生的状态，而是一种可以被选择的节奏。也许从这个意义而言，拖延或不拖延，自由都在那里。

03/帮孩子在一次次受挫中发展出健康的复原力

我们经常会在社交媒体上看到一些令人心碎的新闻，不同年龄段的孩子们在经历挫折之后做出各种激烈举动，比如在被老师批评之后拒绝上学，或者因没有考好而陷入情绪泥潭，甚至被没收了手机后自伤自杀……这些新闻让养育者们非常担忧，许多人会苛责发问："现在的孩子心理承受能力怎么这么差？"——我并不认同这样的观点，当代中小学生面对的学习压力与现实复杂性是远超过去几代人的，并不能归咎于他们的心理太弱小。但面对一个复杂多变的时代，从一次次坏情绪中，如何既安抚到孩子，又帮助孩子发展出健康的复原力，这是值得深思的问题。

每个养育者都或多或少观察到过孩子们在挫败沮丧时会有的激烈行为或者情感。比如当年龄较小的孩子想要自己穿鞋但穿不进去的时候，可能会一屁股坐下就地哭闹；而当学龄期孩子们在学习画画写字的时候，可能会在觉得自己完成得不够好时把整张纸都撕了扔掉；因为考试没考好或者输了比赛而坏情绪大爆发的孩子也并不少见。

当一个孩子因为挫折而经历形形色色的坏情绪时，也许背后并不是"抗挫力差"那么简单的原因。

首先，对所有的孩子而言，当他在经历挫败沮丧时，非常重要的一点是，他对自己有很深的确信，相信自己是可以的。我们可以想象一下，当一个人感觉自己做什么都不行时，不管是输了比赛还是学不会技能，其实那种失败对他而言都是意料之中且无所谓的。当一个孩子对挫折、失败非常难以接受时，那意味着他心里有一句潜台词，那就是"我可以做到"——说到这里，要恭喜各位见证过孩子挫败沮丧的养育者们，因为这至少说明孩子在被养育的过程当中汲取了足够多的心理底气，相信自己真的能够做到一些事情。

对于语言功能已经发展完善的孩子而言，他们也经常会慢慢体验到一种现实的"残酷"。当孩子成长到3～6岁时，他们会慢慢发展出很多的"愿望思维"。当人拥有了愿望，就会伴随幻想："我所希望的一定会发生。"这种愿望思维一部分属于健康的自恋，我们每个人都需要拥有希望去支持自己达成目标；但一个心智成熟的人也会知道：世界并不总是如我们所愿，无论多么努力，现实中总会有局限与不如意。当孩子的心智还没有发展到能够认识到局限性的程度时，他们也会对这种挫败沮丧的体验难以忍受，仿佛一件事情没做好，整个自我评价与认知体系就要坍塌了似的。

儿童心智健康发展过程中必然会经历一个从分裂到整合的过程。分裂是指看事情非黑即白，比如"如果我做不到一件事情，我就是很糟糕的"；而整合则是以辩证思维看待经历，比如"尽管我这次没考好，但我依旧是个很棒的人"。这样的思维进化过程并不是一朝一夕可以完成的，在孩子生命头6年乃至更长的时间里，养育者们都需要在日常和孩子的沟通交流中帮助孩子养成从不同角度去看待同一事物的思辨能力。比如在孩子经历挫败沮丧的情绪时，帮助他把"事情"和"人"分开来看待，比如在孩子写不好字的时候告诉孩子："把字写好是需要一个过程的，一开始写不好很正常，你那么聪明，坚持练几个月肯定会和现在不一样的。"也可以帮助孩子把局部和总体区分开来看待，比如"这几个字你写得非常好，另外几个字可能还需要多练习几遍，但今天能做完这些已经很了不起啦！"这些表达都是在帮助孩子养成健康的自我评价与反思功能，让他既能面对现实，又不会妄自菲薄，逐渐学会用稳定的心境去面对人生的起伏。

帮助孩子区分愿望与现实也是养育者很重要的一项工作。比如当孩子抱怨"我永远做不好一件事情"时，他有可能真正想说的是，他非常希望能够像电视里的超人那样迅速学会做很多事情。我们需要帮助孩子看到在现实中每个人都会为了学东西而付出大量的精力，"罗马城并不是一天建成的"，帮孩子用一些可视化的记录去观察自己的进步，这样他们也会慢慢体验到自身付出努力与获得结果之间的因果关系。比如在孩子练琴时反馈说："昨天你弹这首曲子的时候，还不太能够弹顺溜，但今天显然是要顺畅很多了，这就是你努力所得到的结果。"或者有些时候我们可以收藏好孩子的作品，在一年之后再拿出来给他看，并且告诉他："你看这一年你的进步多大，这和你的努力和成长是分不开的。"当孩子有机会去体验自己的努力坚持所带来的变化时，他们就会看到这样的过程是有价值的。

区分愿望与现实的另一部分，是让孩子看见每一个人的能力都是千差万别的，每一个人都有自己独一无二的部分。为了帮助孩子看到这些部分，我们也需要在日积月累的相处当中，看到孩子身上那些特别的地方，避免把孩子和别人做比较。当孩子能够更多地自我肯定时，也会更多地去肯定别人；同时，他们会更加清晰地意识到自己的独特之处是什么。很多时候，当一个孩子对自己的不成功感到非常挫败、沮丧，有过激举动时，往往他们在生活当中也是非常挑剔的，他们可能很难去欣赏别人身上的优点。这一点有时候和养育者无意识流露的对他人的评价与贬低有关，比如认为街边扫地的清洁工是没有出息的，无视不同岗位的人所具有的独特价值和做出的辛劳努力，当孩子内化那种严苛的评价声音时，也会对自己有着更高的、很可能并不合理的期待。

即使对于成年人来说，一个重要的命题是学会接受人的局限性，接受真正的完美并不存在。作为养育者不仅希望拥有完美的孩子，也会希望自己能给孩子提供完美的养育，但这种对于完美的无限追求反而更容易导致觉得自己"不够好"的匮乏感，总觉得自己哪都不对、哪都不够。我们希望帮助孩子既可以享受努力的过程，又可以自在地活在这个世界上，而这也意味着养育者们自身需要去调和好这些部分。在孩子能力无法达到期待时，既可以理性分析，帮助孩子看到还可以在哪些方面努力，也需要告诉孩子，无论怎样大人都觉得他已经很棒了，愿意支持他，孩子才能有心理底气去接受自己有局限的部分。

有些养育者会担心，孩子过于自我接纳是否会"躺平"不再奋斗？从儿童心理角度而言，真正的自驱力与威胁感无关，一个因为感受到外界威胁而奋斗的孩子，和一个因为内在的安定、热爱而努力的孩子，从人生的长期发展来说，后劲是不同的，尤其是到了25 岁之后，那些一路为了躲避养育者责骂而努力取得优异成绩的孩子往往更容易经历与心理健康有关的困难，在成年发展期遇到各种阻碍。

相信阅读本书的养育者都希望养育出一个内在笃定、外在向上的孩子，要实现这一点，培养心理复原力是秘诀，孩子如何能在面对困难、挫折时依旧拥有良好的自尊、自信水平去应对更多的挑战，这把钥匙在养育者们的手里。

04/培养孩子的平常心：学会赢，更要学会输

记得我上小学时曾被告知："你们未来要面对的是一个竞争社会，和别人差0.5分都不行。"回头看，作为经历过高考独木桥的一代人，不得不承认老师的"恐吓"是有现实基础的，这些压力鞭策着包括我在内的不少人在人生各个阶段都努力成为最好版本的自己；但与此同时，竞争导向的成长目标也会让人长期生活在焦虑与追逐中，看似目标明确，但也经常会在青春期或大学阶段陷入迷茫与无措：这些真的是我想要的东西吗？与此同时，对一些在竞争文化下长大的孩子来说，在一场考试或比赛失利，就仿佛是整个自我评价体系都要坍塌了；每年中高考出分那天，不少老师提心吊胆，害怕班上孩子会做出过激举动。处理与竞争有关的坏情绪是育儿中的一门必修课。学校的教育会给出很多关于如何做得更好、成为赢家的指导，但很少有地方会教孩子如何自在地"输"。

即使是在很小的孩子身上，也可以观察到与竞争有关的坏情绪。比如三四岁孩子在小区里做游戏时，有的孩子会因为输而哭闹着退出游戏；有的孩子在体育比赛失败时会大喊"不公平"，并且把球重重摔在地上；也有的孩子即使是自己在家画画，也会因为画得不如范例好，一气之下把画完的画给撕了。经常让养育者们感到

困扰的是："我并没有给孩子很大压力，为什么孩子会对自己要求那么高？该怎么培养孩子面对竞争时的平常心？"

首先，每一个因为竞争而不开心的孩子，内心潜台词都是"我可以赢/我明明可以做得更好的"。这种心态背后有着多重可能性：有时候当一个孩子拥有这样的心态时，说明他对自己是有信心的，而这种确信来源于周围人的养育方式，比如真实的鼓励与夸赞，会让一个孩子越来越有底气去挑战更好的成绩；也有一些孩子在输了比赛后，爆发的是平时被压抑的情绪，比如担心养育者的指责、贬低甚至羞辱，如果一个孩子内化了那些严苛的声音，那么他经常是很难面对失败的。

当孩子面对比赛而出现糟糕的情绪时，能够给他一个倾听的空间永远是第一步。100 种比赛后的不开心，可能有 100 种不同的理由。倾听也并不一定是言语层面上的，非言语的方式也经常能安慰到孩子，比如给孩子一个拥抱、做一顿好吃的，或者陪孩子散散步，当这个年龄段的孩子感受到"我的感受是被周围人感受到的"时，坏情绪就已经平复不少了。

在言语层面上，如果一个孩子愿意聊聊的话，可以问问他：你现在心里啥感觉呀？你觉得那些赢了比赛的人会对你说什么？你觉得爸爸妈妈会对你说什么？如果你可以赢得比赛的话，会和此刻有什么不同？类似这样的对话都可以创造出空间让孩子表达内心的压力与不安，并且帮助父母去理解孩子为何有那些坏情绪。

围绕着与竞争、比赛有关的坏情绪，还有几点是养育者可以重点关注的。

首先，面对竞争很重要的一件事情是保持坚定的边界。这个边界既包括安全第一——"无论你是参加体育比赛，还是进行其他的活动，千万不能为了一个结果去危害自己或者他人的安全"；这个边界也包括帮助孩子诚实面对比赛，让他们意识到通过撒谎和作弊得到好成绩是不可取的。

其次，当孩子面对比赛与竞争结果非常沮丧时，养育者也要鼓励孩子换位思考，发展自我调节功能。比如可以问问孩子："如果今天是你最要好的朋友输了这场比赛，你会对他说些或做些什么呀？"当然在此之前，很重要的一点是认可孩子的负面情绪，比如在孩子表达沮丧时，不妨跟着一起"骂骂"："哎呀，真是太可惜了，都努力那么久，没拿到第一名，换谁都会很难过的。"不用担心这样的表述会让孩子持久陷在坏情绪中，恰恰相反，孩子的坏情绪经常只有在被周围人接纳的前提下才有可能被缓解和转化。

第三，养育者们也可以用一些巧妙的方式，帮助孩子修复自尊心。比如可以告诉孩子："你输了这场比赛，其实也是你们一整个队伍输了这场比赛，每一个人对此都负有责任。这并不是你一个人需要去承担的，大家都和你一样，在面对这一次的失败。"这样的表述并非为了推卸责任，而是让孩子看到，比赛是一个团队的事情。即使是一些个人比赛，往往还牵涉到教练、老师包括家长的支持，大人们也是以一个团队的形式和孩子一起"出征"，当孩子感觉是有很多人和他一起面对这些事情时，即使面对失败也不会那么孤独。

还可以动用的一个技巧，是帮助孩子做出一些基于事实的表扬。尽管孩子输了比赛，养育者们依旧可以指出孩子在比赛中有哪些亮点。比如可以说："虽然今天的足球比赛输了，可是我看到你非常努力地在全场跑，你几乎从来没有停下来过，这需要非常强的耐力。"也可以说："虽然你画的小猫没有得到金奖，可是你的笔触和以往有所不同，我能感受到你是在用一些新的方式，探索不同的画画形式。"这样一些非常基于现实的表扬，可以让孩子看到原来自己的努力是能被周围人看到的，即使没有赢得一块奖牌，这样的认可也是非常大的鼓励。

当孩子从比赛失利的坏情绪中慢慢平复时，也可以和他一起去进行自我觉察和回顾，去观察在这样一个从情绪低落到恢复的过程当中，自己的思维过程和感情经历究竟是怎样的。这样的觉察过程有助于帮助孩子去慢慢体验"我的情绪究竟从何而来，我又是怎么让情绪恢复到一个比较平衡的状态的"。养育者可以说："我注意到当你难过很久以后，又可以平静下来。那一刻你是怎么做到的，或者那一刻你想到什么了吗？"这样的一些启发，都可以让孩子慢慢看到自己对于情绪的掌控能力，发展出更加成熟健康的自我调节功能。

如果即使做了不少努力，孩子依旧在经历那些与竞争有关的坏情绪，养育者们也可以放宽心，只要孩子不做出伤害自己或他人安全的事情，体验一会儿坏情绪也没关系。养育者需要留点空间让孩子体验各种真实情绪，而不是用尽各种方式让孩子避免体验坏情绪。比如比赛输赢其实都是孩子的事儿，家长起到的是陪伴支持的作用，而不是挡箭牌的作用。当孩子有空间去体验输的感觉时，他才有空间发展出更多的能力，让自己能够坚毅平和地面对挫败沮丧的感觉。

最后但也最重要的一点是，无论对于养育者还是孩子，无论是比赛还是日常的生活，无论是输还是赢，能够在过程当中享受乐趣是最重要的。 某次我自己在接受精神分析的过程中绘声绘色对着分析师描述了一番自己如何辛苦努力去达成一个成就，分析师在听完我的叙述之后问："那你享受做这件事情吗？"这个问题当时就如同一道闪电把我击中一般让我震撼：在成长过程中我似乎从没有问过自己，也没有被问过这样一个简单的问题。为了追逐目标而失去与当下良好体验的链接，这是多么得不偿失的一件事情啊。

很多时候我们会因为兴趣而开始学习一样东西，但是学习的过程往往会让我们忘记做自己喜欢的事情时那种欢欣愉悦的感觉。当我们在进行比赛时，其实是和很多同样喜欢做这些事情的人，去进行一场交流。虽然结果可能会千差万别，但是这样的交流背后，都指向同一个目标，那就是我们都很喜欢自己在做的这件事情。

我们可以鼓励孩子去说一说他是否享受这样的过程，他自己从这个过程当中获得了什么，他喜欢哪些部分，又不喜欢哪些部分。

竞争与比赛可以磨炼一个人的心性，当孩子与竞争相关的各种坏情绪可以被养育者承接容纳时，他也会更有底气去面对人生道路上更多的挑战。

05/面对天灾人祸时，如何帮孩子重建内心的力量？

地震、恐怖袭击、气候变化……无论我们多么祈愿美好，这似乎是个充满了不确定与无常的时代。如今的信息传播渠道格外发达，也许不知不觉中，你的孩子已经从大人充满焦虑的表达或者媒体报道中隐约了解到了那些不幸。养育者们是否有可能将天灾人祸所带来的痛苦在孩子面前屏蔽掉呢？

我们当然希望自己可以让孩子与恐惧、焦虑、不安、愤慨等情绪隔离，但即使是还不会说话的孩子都有可能通过一些方式知道可怕的事情发生了——例如大人们互相交谈的语气和表情，更大一些的孩子则可能通过电视媒体、广播、网络、报纸、杂志等接触到相关信息。虽然我们可以并且必须尝试保护孩子们不去接触这些媒介，但他们还是很可能会从父母们震惊的表情或声音里知道有一些事情的确发生了。如果不帮助孩子们去理解到底发生了什么，他们就会独自纠结于那些未知的东西，恐惧和幻想会填满他们的内心世界：

"为什么那个孩子的妈妈不见了？她现在在哪里？"

"那些人为什么流了那么多血？什么是死亡？"

"他们还可以回家吗？"

……

那些在电视媒体上目睹灾难的孩子们也许会考虑自己的父母是否也会像那样受到伤害或死去，他们会迷惑于自己是否也会那样受到伤害：

"为什么那些看上去很有本事的人，比如爸爸、妈妈、警察、总统……会允许那么糟糕的事情发生呢？"

"那些尸体都去了哪里？死亡到底是什么？"

在一些稍大的孩子当中，这些事件可能会引发他们的噩梦——关于他们自己的或者养育者的死亡。当孩子做噩梦时，养育者在夜间给予一些非言语及言语的安抚，在白天有意识帮助孩子减少环境中的心理压力源，固定作息以创造更强的可预测性和规律感，这些支持都能帮助安抚孩子内心深处的恐惧感。

当媒体铺天盖地在报道某个灾难事件时，养育者们首先需要处理好自己对于事件的情绪，尽量避免在孩子面前流露出过度恐慌、焦虑及愤怒的情绪。在外部世界充满各种不安时，孩子会格外需要心灵世界的安全感，他们需要确认养育者不会不打招呼就随意离开他们。

由于孩子与成年人有着不同的归因机制，当天灾人祸发生时，他们可能会认为那是因为自己不够乖或者有某些"邪恶"的想法而导致的；很多孩子面对他人的苦难时，会在无意识层面感觉内疚，仿佛自己做些或者不做些什么，那些人就不用经历这些苦难。在经历与天灾人祸有关的坏情绪时，孩子们也需要从养育者那里听到：他们所看到的和听说的死亡并不是任何一个孩子（包括他们自己）的责任，这些并不会因为某个孩子的"坏行为"或"坏想法"而发生。

当孩子有哀伤和恐惧的感受时，养育者们需要让孩子有空间去表达那些感受。比如有些孩子会对那些经历不幸的人产生深厚、关切的认同感，他们本身也可能会因为一些生活中的事件（比如也许某个孩子最近刚经历了亲属的离世）而感到格外哀伤。养育者无法以"保护"的名义把孩子和那些感觉彻底隔离开来，或试着否认那些部分。哀伤是生命里必不可少且无法避免的部分，某种程度上，当孩子渴望见到那些暂时或者永远失踪的人时，他们关心他人的能力又增加了重要的一部分，他们会意识到珍惜眼前存在的关系是重要的，而在耐心经历哀伤的感觉之后恢复过来，也会逐渐帮助孩子形成更成熟的自我调节功能，毕竟如何面对"失去"是门终生的功课。

在陪伴孩子经历与天灾人祸有关的坏情绪时，帮助孩子建立起新的内心力量也很重要。比如养育者可以直接告诉孩子你并不认同那些不义之人的做法，你不会允许别人伤害自己和他人的孩子，就像你不会允许孩子伤害他人和自己一样。

对五岁以上的孩子，可适当进行安全教育（例如遇到火灾如何逃生）。如果孩子已经上小学，也可以和孩子聊聊人类为了应对那些天灾人祸曾付出过多少努力，比如从古至今，有各种各样的人希望能发明长生不老药来抵御死亡，尽管这样的尝试经常面临失败，但人类社会与科技水平也在一次次尝试中不断进步着。如果是阅读能力已经发展得相当不错的孩子，养育者也可以试着帮助孩子去建立独立思辨能力，去识别那些围绕着天灾人祸的谣言。孩子在感性层面上的坏情绪被支持之余，能在理性层面上科学认知所发生的事情，这也会让他们感受到内心的力量，有更多底气应对与天灾人祸有关的坏情绪。

旁观或见证天灾人祸对一个孩子来说是种并非必要但很重要的经历，对整个家庭来说，这也是一个很好的机会来分享和解释我们对于死亡的感受、家庭的信仰，并进一步加深彼此间的感情。也借此机会提醒各位养育者，当天灾人祸发生时，请务必停止转发血腥的新闻图片，停止传播渲染细节的暴力场景，停止发表各种歧视性言论，减轻社会戾气，为了让孩子拥有一个更加温暖、和谐、安全的社会，我们都可以出一分力。

06/ 如何处理与幼小衔接有关的坏情绪？

孩子要开始上小学了，这对不少养育者来说既是松了一口气，又是新挑战的开始。有不少过来人会告诉养育者们：6 岁前劳力，6 岁后劳心。幼小衔接对孩子而言意味着进入了一个更大的世界：在认知、情感、行为及人际关系的层面上，他们都将开始一趟新的征程。有时候幼小衔接也像是一场对养育者的"检阅"：过去六七年养育孩子付出的点滴，此刻都成为孩子通往更大世界的垫脚石。

小学课堂势必与幼儿园是不同的，幼小衔接这个概念的提出也源于小学对于孩子综合能力的要求是更上一个台阶的，包括但不限于：

● 需要有更好的执行功能，能够安静在课堂坐满至少40分钟，能够控制住自己不走神或者做出各种冲动行为，能够及时完成作业。

● 需要有更好的精细控制能力，能控制运笔写字的力道；也需要有更好的大运动能力，能学会跳绳之类更为复杂的运动项目。

● 需要有更好的情绪调节能力，能够和更多同龄人及不同类型的老师相处，在面对学习上的挑战时不急不躁；有初步的自律能力，能够在玩耍和学习之间找到适合自己的平衡点。

● 需要有更成熟的人际交往能力，有能力交朋友，也有能力面对朋友之间的冲突，尊重自己和他人的心理边界。

……

上述每一项都是多么厉害的成长里程碑呀！当然，一个孩子在幼小衔接阶段出现持续性的坏情绪，也往往预示着他们在上述需要实现成长目标的领域遇到了阻碍。和入托入园阶段一样，孩子在进入小学时，有 1 ~ 2 个月的适应期是非常自然的事情，在这段适应期里，有的孩子可能会出现行为上的退行，比如夜醒变多、情绪易激惹、饮食起居节律有所变化，这些变化大部分情况下能在 2 ~ 4 周自然消失。考虑到中国国情，每年 10 月初会有一周长假，一些刚上小学的孩子可能会在长假后回校时再次出现不适应的表现，这都是正常的现象。但当这些令养育者们担心的状况持续超过 2 个月，或者孩子自己表达感觉无法适应，需要寻求帮助，那么就需要看看背后是否有一些别的原因导致坏情绪持续出现。

在我从事儿童心理咨询工作的过程中，观察那些与幼小衔接有关的坏情绪，发现背后可能主要有以下几个原因：

1. 有的孩子可能有未被识别出的特殊需求，到了上小学的阶段因为外部要求的变化而浮出水面了。比如一些有注意缺陷多动障碍（ADHD，俗称"多动症"）的孩子可能在幼儿园阶段被视为"调皮""喜欢做白日梦"，但是到了小学课堂里，老师可能会发现这些特质影响了孩子在认知层面上取得与大部分同龄人相似的进步。如果老师本身并不了解 ADHD 的话，可能会以非常严厉的态度对待这些看似调皮捣蛋或总是走神的孩子，孩子心里也觉得很委屈，因为ADHD并不是一种靠意志力可以控制的状态，这样的孩子需要在专业人士的指导下获得更多支持才能完成学习任务。同理，一些有高功能孤独症谱系障碍（ASD）的孩子也可能会在小学的人际交往环境中呈现出各种过去被忽略的问题，更容易在同伴群体中经历霸凌与孤立，孩子自己也会非常痛苦。如果孩子在幼小衔接阶段经历了与特殊需求有关的坏情绪，养育者能做的最好的支持就是及时让孩子与专业人士进行沟通，为孩子构建更适合个体需求的支持成长体系，同时告诉孩子有这些特质并不是他的错，养育者们会支持他找到适合自己的学习或社交方法。能拥有这些情感支持的孩子是幸运的。

2.有的孩子在成长过程中有些"没做完的功课"。比如在前面关于自我调节功能的章节时，我曾提到过一些孩子从小到大被照顾得很好，好到失去了"自然受挫"的机会，还没有机会发展出足够成熟的功能来应对各种挫败感。小学是一个很好的窗口期让孩子在这方面补补课，因为等发展到了青春期，大脑进入剧烈变化的阶段，缺乏自我调节功能可能会让一些孩子经历过于激烈的情绪起伏，以致影响发展。

3.也有一些孩子在经历与幼小衔接有关的坏情绪时，可能"外化"了一些养育关系中的阻碍。比如有的孩子可能正在经历父母离异，叠加上小学带来的种种变化，孩子会感觉自己不得不经历各种难以言说的坏情绪；也有的孩子正在经历家中添丁的变化，他一方面可能会感觉进入小学很兴奋，不再那么依赖爸爸妈妈，但新成员的到来又有可能唤起了一些与分离甚至抛弃有关的体验，对这样的一个孩子而言，"上学"经常会唤起内心的冲突。如果养育者感觉这些家庭变化可能与孩子幼小衔接时期的坏情绪有关，那么首先需要尽可能为孩子创造一个可预测的生活环境：如果爸爸妈妈决定分开生活，让孩子清楚知晓自己何时可以见到哪位父母，并且严格执行这些计划是重要的；如果家中添丁，要让大孩子依旧有固定的可以和父母独处的时间；除此以外，对于正在经历幼小衔接的任何孩子来说，家中规律的作息依旧可以带来许多稳定感，即使是在周末，也不宜晚睡晚起；帮助孩子建立起包括整理书包、作业在内的各种好习惯……这些潜移默化的"框架"对于身处变化期的孩子来说都是重要的。

4. 在一些情况下，过度严苛高压的学校或家庭管教方式也会让孩子幼小衔接的过程变得困难。在号召"减负"的趋势下，大部分学校都已经意识到减轻低年级孩子的课业负担是好处多多的，但也有不少家长因为各种原因而选择自主给孩子加码，或者在学校课业基础上还要求孩子同时修炼十八般武艺。担心孩子输在起跑线的心态一部分与养育者的自我成长有关（参见本书第三章），也和养育者对于儿童心智发展的规律了解不足有关（参见本章第4节自驱力相关内容）。

我认识的大部分从事儿童青少年心理治疗工作的同行们对待自家孩子都偏"佛系"，部分因为在日常工作中也许见到了太多为拔苗助长付出沉重代价的孩子与家庭，深知孩子的发展其实遵循守恒定律:提前超额透支,总会在另一些阶段和领域中付出相应代价,例如早慧而缺乏后继发展动力,以至于到了中学阶段厌学、拒学或出现各种心理健康问题的孩子大有人在。另外,如果在成长过程中,家长作为权威的形象,对孩子的要求始终意味着"更多负担",那么孩子对于"权威"的态度就更有可能是逃避、厌烦与不信任的,而这些态度最终会影响孩子与老师之间的关系——老师也是另一种"权威"。很难想象当一个孩子无法与老师有互信关系时,如何可以长久保持学习的自发热情。如果养育者反思一下"严苛"本身的必要性与合理性,将孩子的人生发展放宽到几十年而不是几个月的维度,兴许又会为自己和孩子都创造出新的成长空间来。

为了帮助孩子从心理层面更好地适应幼小衔接,也许养育者们可以尝试从幼儿园大班毕业前的三个月开始,逐步陪伴孩子完成下列事项:

● 鼓励孩子自己整理去幼儿园要带的东西,并且教孩子把从幼儿园带回家的东西有序分类。考虑到年龄特点,养育者可以多采用可视化的方式帮助孩子建立新的习惯,例如在墙上张贴漫画形式的流程图,告诉孩子如何完成这些整理收纳工作。

● 每天放学后给孩子布置不超过10分钟的简单练习,首要目的并非学会什么,而是为了让孩子逐步习惯上学后需要完成作业的感觉。练习的内容需要符合孩子的能力范围,以让孩子体验成就感为主,也可以帮助孩子量化自己的进步,例如"昨天你写完这三个数字花了五分钟,今天只用了三分钟,有进步呢!"

● 让孩子多获得一些用笔的机会，例如做数字连线游戏、涂色游戏等等，鼓励孩子抱着"玩"而非"练"的心态用不同材质的笔模仿写基本的笔画或者简单的汉字。鼓励孩子多听故事，一些过度使用屏幕的孩子会在小学课堂中难以被老师讲述的内容所吸引，用听故事替代看屏幕能够很好地帮助孩子重置信息摄入合理阈值、重建专注力、重拾想象力。

● 提前带孩子参观小学校园，通过绘本和短视频等方式让孩子了解小学生活，切忌用"学校会立规矩收拾你"之类的话术来威胁管教孩子。养育者要倾听孩子对于上小学有怎样的期待与担心，让孩子自己准备、挑选小学需要使用的且符合规范的文具等。

● 和孩子聊聊自己上小学时的经历，避免谈论对孩子来说难以消化或会感觉焦虑的经历（例如过于严厉的老师），以正向积极的经历为主，可以分享一些面对阶段性困难时如何度过的经验。鼓励孩子提前认识一些未来的小学同学，帮助孩子与老师建立初步的联系，用简练的描述帮助老师迅速了解孩子的个性。

对大部分孩子来说，上小学意味着通往一个更大的世界，在那个更大的世界里，主角不再只有爸爸妈妈及日常养育者，而是有了更多的伙伴及老师，以及等待被探索的真理。愿养育者们都能支持孩子带着饱满的情绪和踏实的状态迈出这一步。

07 如何处理与电子产品有关的坏情绪？

　　几乎没有一个养育者不头疼孩子与电子产品有关的坏情绪问题。现代社会中，哪怕是一个刚会走路的孩子，都很有可能目标明确地直奔手机而去，甚至在不被允许看手机屏幕的时候瞬间崩溃大哭起来。等到了 3～6 岁的时候，养育者们有可能纠结于到底要不要给孩子看手机，毕竟手机里也有不少有趣的事物，可以拓宽孩子的眼界，帮助孩子学习新知识；但电子屏幕给儿童发展带来的坏处也是显而易见的，在权衡利弊之中，养育者面对孩子的讨价还价或胡搅蛮缠，也经常感觉力不从心。等孩子上了小学，养育者会考虑是否要给孩子配备电话手表甚至手机，孩子也有可能时不时明里暗里地玩大人们的手机，当他们驰骋在虚拟世界中时，现实世界中养育者的管教要求经常令孩子感到沮丧，围绕着电子产品而产生的冲突，会让孩子与养育者面对各种"新型"坏情绪。

　　所谓的"新型"，是指这些坏情绪背后有一些非常特别的脑回路是与电子产品相关的。养育者们也许会发现，当孩子在玩屏幕时往往非常专注，极少走神，这是因为电子屏幕花花绿绿的声光特效会让大脑处在一个接收高度刺激的状态之下，仿佛像一块吸铁石似的牢牢吸住了孩子的注意力。当这些高度刺激被突然撤走，比如当养育者让孩子停止玩手机时，大脑那种看似平稳的状态就像被切断了"电源"，会瞬间有种失去平衡"宕机"的感觉，外在表现就是沮丧、哭闹。如果一个孩子使用电子屏幕过多❶，他的大脑就会习惯于吸收各种令人感觉高度兴奋、刺激、合胃口的信息，传统学校中老师讲授知识的方式以及通过安静阅读获取更多资讯的方式都再也无法满足一个被屏幕所塑造的大脑，进而出现注意力不集中、专注时间过短之类的问题。

手机中APP及游戏的设计方式都蕴含了大量让人类成瘾的元素，也不怪大人孩子一旦玩起手机就无法停止。而这种成瘾行为的背后还隐含着潜在的情绪发展危机：如果一个孩子长期依赖于玩手机来调节情绪，每次难过无聊哭闹的时候都要通过玩手机才能停止下来，那么他的大脑就无法发展出健康的自我调节机制。当身处无法刷手机的环境（例如课堂中）时，一个孩子就不知道该如何去应对那些时不时会出现的、不舒服的情绪体验。

应对上述两种过度使用电子屏幕所导致的坏情绪，养育者们需要经由帮助孩子建立更多的"现实世界联结"来发展出健康的自我调节功能。比如因地制宜让孩子有东西可"玩"——不管是动手动脑的玩具游戏，还是学会买菜做饭的生活技能，或者在大自然中感

---

❶ 各年龄电子产品使用时间可参考《中国人群身体活动指南（2021）》：1~3 岁，不建议使用；3~5 岁，每天视屏时间累计不超过 1 小时；6~17 岁，每天视屏时间累计小于 2 小时。

受探索，这些都是帮助孩子的大脑建立起健康情绪调节回路的必经之路。而每个养育者都可以做到的另一件事则是多和孩子聊聊天，不为说教评判，只是带着温和、好奇去聊天。当孩子有机会通过语言表达自己的所思所想时，他的大脑也会发展出健康的情感回路，知道并做到"君子动口不动手"，在坏情绪出现时可以用语言去表达自己的体验并寻求帮助。

围绕着如何使用电子产品本身也会出现各种各样的坏情绪。对一些养育者来说，电子产品似乎是个十恶不赦的存在，巴不得它们永远不要出现在孩子的生活中，但这也是一种矫枉过正的态度。对孩子们而言，手机的确拓展了他们的现实世界，使得他们除了可以拥有现实世界中的"存在"之外，还可以拥有虚拟世界中的"存在"，手机几乎已经成为一个"外挂"的身体器官。从这个意义而言，当养育者在思考究竟要怎样应对孩子与电子产品有关的坏情绪时，实质是需要思考要如何"善待"孩子们那些包括手机在内的"外挂电子器官"——要像呵护眼睛一样，去呵护孩子们的这些"电子器官"。

关于孩子几岁可以拥有自己的电子产品，我会建议观察他所在的学校和班级有怎样的趋势。例如若班上不少于三分之二的同学都已经拥有了自己的手机或者电话手表，那么给孩子配备自己的通信工具是利大于弊的，这可以避免他失去在虚拟与现实世界中的集体归属感。

从养护"电子器官"的角度，我会建议养育者们根据孩子的具体年龄及家庭情况来分级管理电子产品的使用。例如对于6岁以内的孩子，尽量避免让孩子单独玩电子产品超过30分钟，这个阶段使用电子产品是为了促进父母的陪伴（例如一起看一些符合孩子年龄段的动画片或视频），而不是为了把父母从陪伴中解放出来。对于6～12岁的孩子，他们需要养成把作业做完才能玩手机的习惯，养育者需要对孩子使用屏幕时感兴趣的、想要看或者玩的内容保持温和的好奇，鼓励孩子把虚拟世界中有趣或困惑的东西与养育者分享；小学阶段的孩子一天玩手机的时间不应超过1小时，手机里装哪些APP与游戏需要经由父母的同意，父母需要知道孩子手机的密码，并且保留查看孩子手机使用记录的权利。而对于12岁以上的孩子，除了依旧需要限定孩子玩手机的时间之外，建议父母适当放宽管控，为孩子划定网络安全的边界，但不过多干涉孩子的手机使用方式，孩子需要报备手机密码，但养育者原则上不随意查看孩子的手机。等到了16岁左右，则可以把手机使用的自主权更多让渡给孩子，不再强行规定使用手机的时间，但可以设置家庭无手机日，全家人每周至少有2个小时的固定"无手机"时间，可以进行阅读、户外活动或者谈心聊天。

上面说的这些并非标准做法，只是给养育者们一个参考，在此基础上可以和孩子一起约定符合自家标准的做法。而另一些养育者的困扰则是，即使有了规则，孩子玩到兴头上不愿意好好遵守约定，因为时间到了需要放下手机而闹脾气，这又要怎么办呢？

如果已经了解了屏幕对大脑的作用机制，那么就可以从两方面下手去减少孩子在转换过程中的坏脾气：一是提前给足过渡时间，比如时不时提醒孩子"五分钟后手机时间结束"，让孩子的大脑提前有个预备的过程；二是安排一些后续活动，让孩子在放下手机后可以迅速给大脑建立起新的任务回路，尤其可以安排一些涉及身体多部位的活动，比如洗澡、体育锻炼等等。

当孩子因为养育者限制自己使用电子产品的方式而有所抱怨时，养育者可以用孩子能理解的方式向其解释为什么不能无止境地玩手机，并且将分年龄段的管教方法介绍给孩子，这些尝试会向孩子传递如下信息：我希望帮助你逐步建立起使用手机的健康方式，最终你会拥有使用电子产品的绝对自由。

如果一个孩子的生活已经完全在围绕电子产品打转了，这在某种程度上说明，孩子的生活中没有什么比电子产品更能令他感觉愉悦的东西了，无论是人际关系层面，还是自我享受层面。与电子产品有关的坏情绪并非由电子产品本身导致的，养育者能看到孩子的无聊与无助，并且身体力行，多与孩子共同创造愉悦的现实体验，这些都是对治电子产品相关坏情绪的"良药"。

 情绪小课堂

问题 1：孩子不肯练琴、写字，或者即使不情不愿做了这些事情也会潦草完成，像是在和大人们对着干似的，该怎么办？

严艺家：当孩子已经身处与作业或练习对抗的情绪中，对着干是不明智的，如果能让孩子在此刻起身走一走、运动一下，或者洗个澡，都能帮助孩子从拧巴、较劲的坏情绪中平复一些。

问题 2：孩子总想玩一会儿再写作业可以吗？

严艺家：身为母亲，看见孩子能自觉高效完成作业当然是欣慰的。但更重要的是，孩子可以自主选择拖延或不拖延的状态，在不同状态间穿梭切换，拖延并不是奴役人生的状态，而是一种可以被选择的节奏。也许从这个意义而言，拖延或不拖延，自由都在那里。

观点 3：孩子过于自我接纳是否会"躺平"不再奋斗？

严艺家：从儿童心理角度而言，真正的自驱力与威胁感无关，一个因为感受到外界威胁而奋斗的孩子，和一个因为内在的安定、热爱而努力的孩子，从人生的长期发展来说，后劲是不同的，尤其是到了 25 岁之后，那些一路为了躲避养育者责骂而努力取得优异成绩的孩子往往更容易经历与心理健康有关的困难，在成年发展期遇到各种阻碍。

后记

十年前我曾为某父母平台开课，谈论如何应对0～10岁儿童的坏情绪，支持养育者们从中寻找到适合孩子的成长契机，那门课广受好评，一些订阅了的听众甚至多年后还会通过不同方式告诉我，那些内容支持他们度过了新手父母头几年最茫然无措的时光。

因此当策划编辑老师表示想要在讲稿基础上出版这本书时，我一开始觉得这是个好主意，毕竟文字与语音的交流深度是不同的。但是当我真的开始审校自己当年的讲稿时却有点后悔了：相比十年前，此刻的自己在应对孩子坏情绪的问题上有很多理念已经有所不同，这使得我对原始讲稿的内容质量并不满意。虽然读博期间课业繁忙，我还是咬咬牙挤出不少时间，几乎重新组织了一本书的内容出来。

按照我发散性思维+话痨的风格，如果有充足的时间写这本书，恐怕再多一倍文字量都未必能打住，但一来是要放过自己，二来是想到各位养育者的时间也很宝贵，事业、生活、育儿已经占据了那么多精力，剩余的时间用来好好滋养自己更要紧，因此本着"读起来不累人"的原则将本书浓缩至目前的篇幅。

完稿之时，我开始认真考虑要做一档与"养育"有关的心理播客，虽然名字还没想好，但简介已经想好了："这里没有标准答案。"

过去十余年，"这里没有标准答案"是我经常会和养育者们说的话，因为发自内心相信每个养育者才是最懂自己孩子的专家，我的工作是授人以渔，而非授人以鱼，绝大多数养育者最终找到的应对孩子坏情绪的有效方案并不是我"给"的，而是我们共同观察、思考与谈论的结果。希望这本书里的内容能在文字的层面上支持更多养育者找到自己的育儿之"道"，并最终寻找到专属于自己与自己孩子的育儿之"术"。

严艺家

2024 年 1 月 7 日于伦敦

严艺家译作精选：《布教授有办法》系列

《给孩子立规矩》

9787122318824

解放天性≠不需要立规矩，在孩子"不听话"前把规矩立好，让"不听话"的孩子学会自律。

《应对孩子的愤怒与攻击》

9787122318121

情绪不分好坏，都是孩子成长的动力，重要的是我们如何帮助孩子适当表达与纾解。

《读懂二孩心理》

9787122318114

将一碗水端平不等于用同样方式来管教，父母如何平衡与选择？

严艺家原创漫画：《1016 成长信箱》系列

《心理世界好神奇》
9787122395368

《学不动了怎么办》
9787122391346

《爸妈究竟咋想的》
9787122394644

《有朋友真好》
9787122389909

《身体可以更自在》
9787122393272

给10~16岁孩子的礼物，长大成人前的困惑与无助，翻开书就能找到自己的答案！